三道手绘快题表现系列丛书

袁旦　主编

城市规划快速设计应试教程

Urban Planning Exam–oriented Rapid Design Tutorial

三道手绘　编著

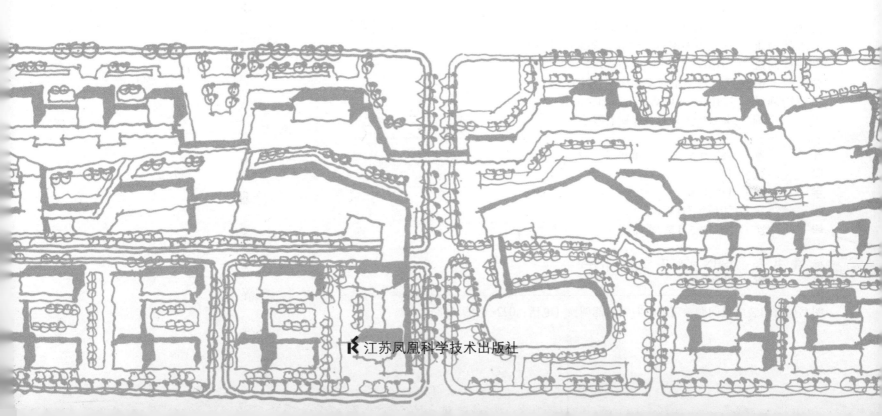

江苏凤凰科学技术出版社

图书在版编目（CIP）数据

城市规划快速设计应试教程 / 三道手绘编著 . —— 南
京 ：江苏凤凰科学技术出版社，2017.7
　（三道手绘快题表现系列丛书）
　ISBN 978-7-5537-8319-2

　Ⅰ．①城… Ⅱ．①三… Ⅲ．①城市规划－建筑设计－
研究生－入学考试－自学参考资料 Ⅳ．① TU984

中国版本图书馆 CIP 数据核字 (2017) 第 122860 号

三道手绘快题表现系列丛书

城市规划快速设计应试教程

编　　　　著	三道手绘	
项 目 策 划	凤凰空间/张　群　　高　红　　郑亚男	
责 任 编 辑	刘屹立　　赵　研	
特 约 编 辑	张　群	

出 版 发 行	江苏凤凰科学技术出版社
出版社地址	南京市湖南路1号A楼，邮编：210009
出版社网址	http://www.pspress.cn
总 经 销	天津凤凰空间文化传媒有限公司
总经销网址	http://www.ifengspace.cn
印　　　　刷	北京博海升彩色印刷有限公司

开　　　　本	787 mm×1 092 mm 1／12
印　　　　张	18
字　　　　数	110 000
版　　　　次	2017年7月第1版
印　　　　次	2023年3月第2次印刷

标 准 书 号	ISBN 978-7-5537-8319-2
定　　　　价	78.00元

图书如有印装质量问题，可随时向销售部调换（电话：022-87893668）。

前言　PREFACE

城市规划快题设计综合性很强，对设计者的基本素质和专业要求也较高。通常要求设计者在有限的时间内完成规划设计方案的构思与表达，并完成设计任务。与计算机绘图相比，快速规划设计具有快捷、抽象、直观等特征，设计者只需要笔、纸等一些简单的工具就能完成。规划设计方案的成败取决于设计者的方案思维能力，而出彩的表达能力则能为作品锦上添花。

本书从易到难、由浅入深，共分为三大部分、八个章节。第一部分为"绪论"，主要讲解快题设计的相关知识，形成快题设计的基本轮廓框架。第二部分包括第 2~7 章，这是本书的核心部分，其中第 3 章"建筑知识"、第 4 章"城市道路交通知识"、第 7 章"空间结构类型与空间组合"更是本书的重中之重。第三部分为第 8 章，主要讲解一个完整的城市规划快题设计的创作过程。

系统性、实用性、针对性是本书最大的特点，从城市规划初学者的角度，进行知识点的梳理，重点难点突出。编者有多年执教经验，针对学员困惑，整理不易理解和容易疏漏、忽视的知识点，对症下药，进行了系统的总结和归纳。同时，本书在题型选择和基础知识梳理上涵盖了居住区、城市商业中心区、旧城改造及历史地段、风景名胜区、校园规划、工业园区、科技产业园区等常见规划快题设计类型，内容全面、系统，针对性强。

要培养出快速的快题构思与设计能力，画出线条流畅、优美的快题表现，其功底不是一蹴而就的。"千里之行，始于足下"，只有脚踏实地，扎实积累相关基础知识，一点一滴地咀嚼、吸收、消化，勤于练习，积极思考，才能在快题考试时厚积薄发，取得理想的成绩。

本书可作为城市规划专业学生学习、考研与求职的辅导书，也可供相关从业人员工作参考。本书所选案例均来源于全国重点高校硕士研究生入学考试真题和三道手绘培训班师生的快题练习作品，在此向各位提供资料的学员表示感谢，同时也衷心感谢在编排此书时付出辛勤汗水的各位同仁们。由于编者水平有限，加之时间仓促，书中难免存在一些纰漏和不足之处，希望广大读者提出宝贵意见。

三道手绘

2017 年 5 月

目录 CONTENTS

第 1 章 绪论 　9

1.1 快题类型与题目选择 　9

　1.1.1 快题类型 　9

　1.1.2 题目选择 　16

1.2 考试时间及任务安排 　20

1.3 工具准备 　20

　1.3.1 绘图工具 　20

　1.3.2 马克笔色彩搭配 　21

1.4 快题成果要求 　25

　1.4.1 总平面图 　25

　1.4.2 分析图 　30

　1.4.3 效果图 　31

　1.4.4 技术经济指标 　39

　1.4.5 设计说明 　39

1.5 城市规划快题设计考试要求 　40

1.6 快题设计的评价标准与常见错误 　42

　1.6.1 评价标准 　42

　1.6.2 常见错误 　43

第 2 章 审题与场地解读 　44

2.1 审题 　44

2.2 场地解读 　45

2.2.1 对规划用地宏观环境的分析   45

2.2.2 对规划用地外部环境的分析   46

2.2.3 对规划用地内部条件的分析   52

2.2.4 对规划用地设计要求的分析   55

2.2.5 审题实例分析   56

2.3 场地界限   61

2.3.1 场地界限的城市规划定义   61

2.3.2 场地出入口的一般规范   64

2.4 常见场地要素总结   66

第 3 章 建筑知识   67

3.1 居住建筑   67

3.1.1 建筑单体   67

3.1.2 建筑空间组合   77

3.1.3 居住区规划设计实例及快题展示   85

3.2 校园建筑   88

3.2.1 建筑单体   88

3.2.2 建筑组合   97

3.2.3 校园规划设计实例及快题展示   101

3.3 商业建筑   104

3.3.1 建筑单体   104

3.3.2 建筑组合   106

3.3.3　商业街区规划设计实例及快题展示　　　　　111

3.4　办公建筑　　　　　113

3.4.1　建筑单体　　　　　113

3.4.2　办公建筑组合　　　　　115

3.4.3　办公区规划设计实例及快题展示　　　　　117

3.5　文化建筑　　　　　121

3.5.1　建筑单体　　　　　121

3.5.2　文化建筑群体组合　　　　　123

3.5.3　文化中心规划设计实例及快题展示　　　　　124

3.6　工业园区建筑　　　　　126

3.6.1　建筑单体　　　　　126

3.6.2　建筑空间组合　　　　　128

3.6.3　工业园区规划设计实例及快题展示　　　　　130

3.7　历史街区建筑　　　　　132

3.7.1　建筑单体　　　　　132

3.7.2　建筑组合　　　　　134

3.7.3　历史街区规划设计实例及快题展示　　　　　135

第4章　城市道路交通知识

138

4.1　我国道路含义与等级划分　　　　　138

4.1.1　城市道路含义与等级划分　　　　　138

4.1.2　城市道路断面　　　　　142

4.1.3 城市道路交通规划设计规范 144

4.2 地块内部道路 149

4.2.1 居住区道路等级 149

4.2.2 居住区规划相关道路规范及基本要求 151

4.3 万能道路组织结构 152

4.4 静态停车系统 164

4.4.1 回车场、消防通道 164

4.4.2 车辆停放方式 165

4.4.3 停车场设置相关规范 166

第5章 广场景观知识 169

5.1 城市广场 169

5.1.1 城市广场分类 169

5.1.2 城市广场设计要点 181

5.2 城市绿化 184

5.2.1 城市绿化分类 184

5.2.2 城市绿化设计要点 185

第6章 其他知识储备 190

6.1 常用场地尺寸 190

6.2 常用技术经济指标 191

6.2.1 技术经济指标术语 191

6.2.2　快题中常用技术经济指标　192

6.2.3　居住区容积率专题　193

第7章　空间结构类型与空间组合　196

7.1　空间结构类型　196

7.1.1　轴线式　196

7.1.2　对称式　199

7.1.3　组团式　201

7.1.4　院落式　202

7.1.5　发散式　203

7.1.6　格网式　204

7.1.7　序列式　206

7.2　空间划分与组合　208

7.2.1　出结构　208

7.2.2　分区块　208

7.2.3　切地块　209

7.2.4　切建筑　209

7.2.5　修建筑、补环境　210

第8章　快题设计过程演示　211

参考文献　220

第 1 章　绪论

本章从快题考试的题型、考试时间安排、快题工具准备以及快题考试成果要求等几个方面，对快题考试进行初步解读。

1.1 快题类型与题目选择

1.1.1　快题类型

依据对 2000 年至今全国高等院校硕士研究生入学考试"规划设计（6 小时快题）"考试题目的统计分析，考试题型分为以下几类（主要以具有较强代表性的同济大学、华中科技大学、华南理工大学作为参照，表 1.1）：

①居住区规划设计（一种是单纯住区规划，另一种是商住混合区规划）；

②城市商业中心区规划设计（商业中心区，配套居住、办公、文化等）；

③城市行政办公区规划设计（城市行政办公中心，配套文化、办公、居住等）；

④城市文化中心规划设计（城市文化中心，配套商业、餐饮住宿、居住等）；

⑤城市综合性公共中心区规划设计（分为商业、办公、居住、文化等多个功能片区，一般规划用地面积较大）；

⑥旧城改造及历史地段规划设计（历史街区内商业、文化、居住、休闲娱乐、文化遗产保护等）；

⑦风景名胜区规划设计（旅游观光服务中心规划、旅游度假服务中心规划、城镇入口区域设计）；

⑧校园规划设计（中学校园规划、高校校园规划）；

⑨工业园区规划设计；

⑩科技产业园区规划设计；

⑪控制性详细规划＋修规（控规与详规结合）；

⑫总体规划（概念性规划设计）＋修规（总规与详规结合）。

表 1.1 全国高等院校硕士研究生入学考试"规划设计（6 小时快题）"考试题型

序号	考试题型类别	细分考题类型	考试年份（华中科技大学、华南理工大学、同济大学）
01	居住区规划设计	单纯住区、商住混合区、滨水住区	2000、2002、2004、2005、2006、2008、2012、2014
02	城市商业中心区规划设计	商业、居住、办公、文化等功能综合考查	2004、2009
03	城市行政办公区规划设计		2007
04	城市文化中心规划设计		2010
05	城市综合性公共中心区规划设计		2006、2007、2009、2011
06	旧城改造规划设计	一般地区、历史街区、滨水街区	
07	风景名胜区规划设计	旅游度假中心、入口服务区域	
08	校园规划设计	小学、中学、高校校园	
09	工业园区规划设计		
10	科技产业园区规划设计		
11	控规与详规结合		
12	概规与详规结合		2013、2014

以下为居住区、城市中心区、工业园区规划设计试题实例。

居住区规划设计试题

题目：高新区某住宅区规划

一、设计任务

1. 规划场地面积约 11.2hm²，形态、位置关系如图 1.1 所示。

2. 场地内地势平坦，略呈东南高、西北低。场地面临汤逊湖。东南两侧均为园区待开发用地。

二、设计要求

1. 该住区对象为园区高级管理人员及职工。

2. 主要技术要求：

（1）建筑总容积率：1.2；

（2）户型：多层　60%（户均 120m²）；

（3）绿化率：30%，

联排别墅　10%（户均 250m²）；

（4）停车场：35%，

4 层联排别墅　15%（户均 200m²）；

（5）日照间距：1∶1.1，

小高层　15%（户均 150m²）。

三、设计成果

1. 按要求绘制：结构分析图、建筑造型图、总平面图、节点表现图、透视鸟瞰图（或轴测图），标明技术经济指标等。

2. 需上交 A1 图纸 2 张，具体表现方式自定。

四、考试时间

时间 8 小时（含午餐时间）。

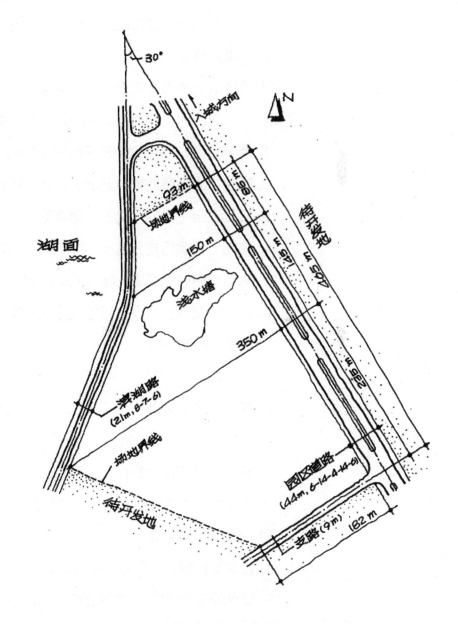

图 1.1　高新区某住宅区规划设计场地示意图

城市中心区规划设计试题

题目：中部地区某大城市中心区地块详细城市设计

一、基地现状

规划地块位于中部地区某大城市中心区，紧邻城市交通性主干道和轻轨线。基地北侧现状为中学和中心公园，西侧有天然河道和街心公园，东南侧为城市居住用地和区级行政办公区域。地块总规划面积 17.2hm²。规划范围如图 1.2 所示。

二、规划内容

该地块拟结合周边用地现状及交通条件，规划建设轨道交通站点、区级商务办公、酒店、商业文化设施、混合居住用地及绿化景观（含公共空间及广场）。开发商建议内容如下：

1. 商务办公、酒店，建筑面积约 14.5 万平方米。

2. 商业（大型商业或商业街），建筑面积约 5.5 万平方米。

3. 文化设施（内容自定），建筑面积约 2.5 万平方米。

4. 住宅（含酒店式公寓或 SOHO），建筑面积约 7.5 万平方米。

5. 轨道交通站点设施，建筑面积自定。

6. 其他需要布置的设施和场地（结合规划方案设置）。

三、规划控制指标

1. 总容积率：2.0。

2. 建筑密度不大于 40%。

3. 绿地率不小于 25%。

4. 住宅日照间距：1：1。

5. 停车泊位，住宅按 0.5 个 / 户配置，公共建筑按 0.5 个 /100m² 配置。

四、规划设计要求

1. 合理安排规划内容和功能区块。

2. 结合周边交通条件，合理组织基地内部机动车交通和人行交通，并与基地外围交通有机衔接。

3. 充分尊重基地现状和周边环境条件，营造具有一定特色的城市空间景观。

五、规划设计成果要求

图纸尺寸为 A1 规格，表现方式及图纸数量不限，需呈现以下内容：

1. 规划总平面图 1 ： 1000（详细标注各功能内容）。

2. 规划结构及交通流线（含静态交通）分析图（比例和数量不限）。

3. 总体或局部鸟瞰图（比例不限）。

4. 规划设计说明及主要经济指标（应对照总平面图列出各项建设内容的建筑面积）。

六、其他说明

1. 考试时间为 6 小时（含午餐时间）。

2. 考生不得携带设计参考资料入场。

3. 总分 150 分。

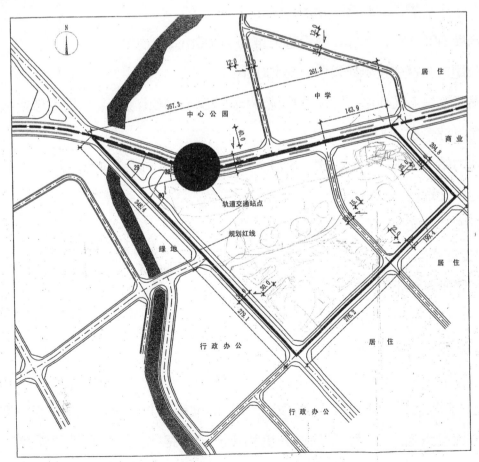

图 1.2　城市中心区规划设计场地示意图

工业园区规划设计试题

题目：电子工业公司厂区规划设计（6小时）

一、基地概述

某电子工业公司拟在华南某市的工业园区内新建厂区，建设用地约 10.2hm²，基地西侧和南侧是 30m 宽的工业园干道（路边应设港湾式公交站），北侧是 20m 支路，东侧是铁路高架桥。基地内有 110kV 高压线通过（走廊宽度 30m）。

周边用地情况详见图 1.3。

二、要求及要点

1. 建筑功能和面积要求（建筑面积可以增减 5%，可根据需要设置连廊）：

（1）标准厂房总计 55000m²，宜为 30m×60m 或 30m×90m，不超过 4 层；

（2）电子产品展示中心 3500m²；

（3）仓库 5000m²，单层，附设露天堆场 2000m²；

（4）公司办公楼和技术研发中心 25000m²；

（5）员工宿舍 6000m²，附设 1 个篮球场（28m×16m）、2 个羽毛球场（15m×8m）；

（6）食堂综合楼 2000m²；

（7）动力站（锅炉、空调机房）800m²，与其他建筑间距 25m；

（8）污水处理站 500m²；

（9）保安室 100m²。

2. 规划设计要点：

（1）建筑密度小于 40%；

（2）总容积率应小于或等于 1.0；

（3）绿地率不小于 25%；

（4）建筑限高：50m；

（5）建筑后退西侧、南侧道路红线不小于 10m，北侧不小于 3m，后退铁路高架桥不小于 10m；

（6）合理设置各出入口，组织好人流和物流运输路线，要求在地面设置 100 个小型停车位（3×6m）和 10 个货车停车位（3.5×10m）；

（7）需关注公司临城市道路的界面，处理好厂前区、生活区与城市的关系。

三、设计表达要求

1. 总平面图 1：1000，须注明建筑名称、层数、表达广场、绿地、停车场、道路等要素。

2. 鸟瞰图或轴测图不小于 A3 幅面。

3. 表达构思的其他分析图自定。

4. 简要的规划设计说明和技术经济指标。

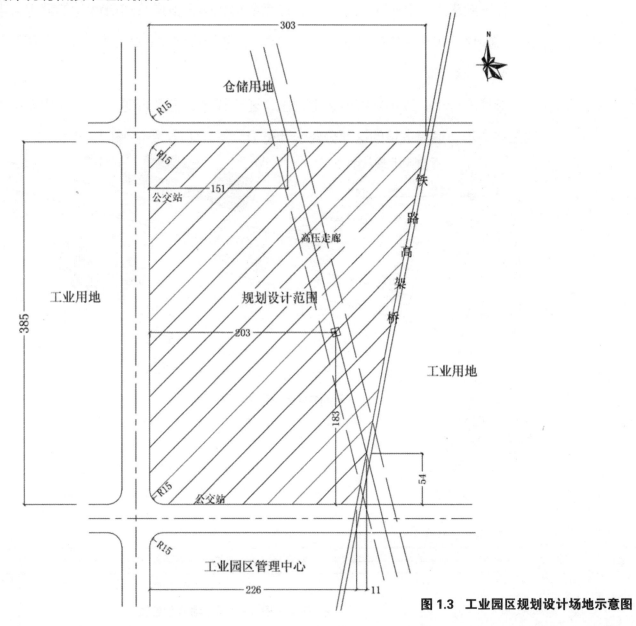

图 1.3　工业园区规划设计场地示意图

1.1.2 题目选择

对于快题设计入门者,在考研试题的选择上,给予以下建议:

1)目标学校真题

最好选择目标学校的真题,针对性强,可以熟悉其风格和套路。

2)面积

面积要求上,10~50hm^2 均可,通常所见到的大多是 6~10hm^2(如武汉大学、华南理工大学)、10~20hm^2(如华中科技大学、重庆大学)、30~50hm^2(如同济大学),练习时也以这几种为主。

3)形状

形状设计上,以不规则四边形为主,还有梯形、三角形等,也要注意规则形状故意去掉一部分的凹多边形,通常去掉的这部分对设计有很大影响(图 1.4~ 图 1.6)。

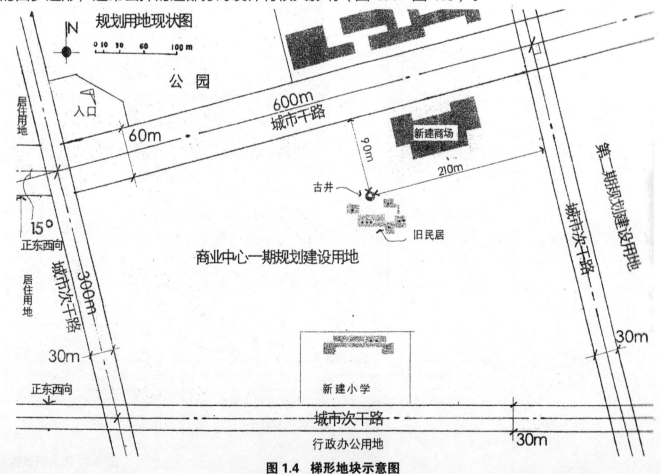

图 1.4 梯形地块示意图

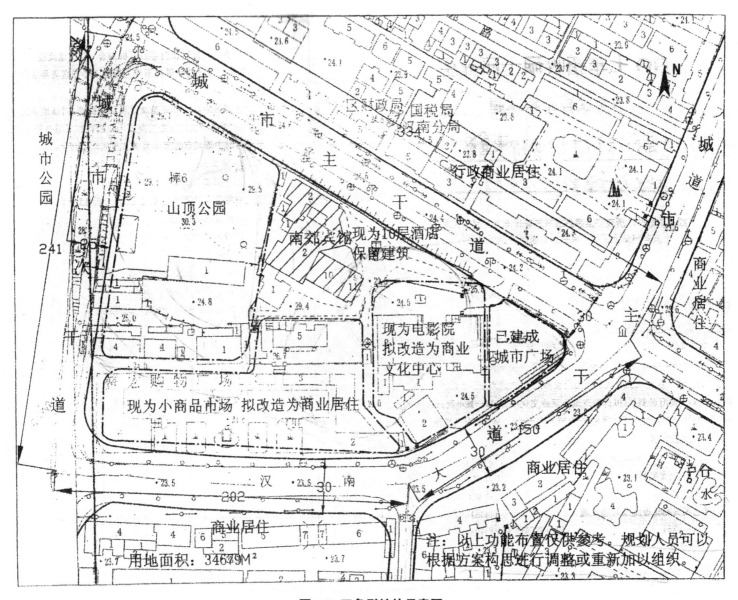

图 1.5　三角形地块示意图

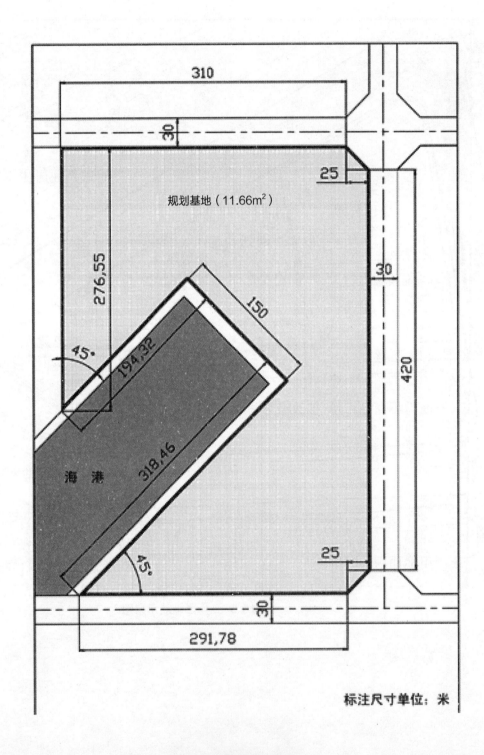

图 1.6 凹形地块示意图

4）类型

类型上最重要的是综合型，它最考查考生的大局观和组织能力。建议专项练习：居住区、学校、科技园（工业园）、商业区、历史街区。综合型建议练习：商业＋居住＋办公（文化）、学校＋居住（宿舍、公寓）、科技园＋商业、科技园＋居住等。

5）地块内常见内容

地块内的常见内容是保护建筑、保留水面、公交总站、广场、居住区内学校、幼儿园、轨道交通站点、历史保留建筑要素等。这些内容通常作为考查的对象，需小心处理。如图 1.4 地块内部有新建商场 1 座、古井 1 口、旧民居 1 组、新建小学 1 个，这些要素对于规划有至关重要的作用，也是考查设计者综合能力的地方。

6）基地外影响因素

基地外影响因素包括公园、绿化带、滨水（景观良好）、城市道路（分清主次）、商业区（嘈杂）、校园大门（注意轴线）、地块南侧的高层建筑（日照遮挡）等。

图 1.7 是某高校一个水乡旅游综合服务区规划设计试题。地块外围要素极其复杂，东面为开敞宽阔的东湖以及水杉林，西面有自然景观较好的西山一座，南面是大片果林，北面为村民住宅用地，西侧的过境国道通往市区等图解提示能给我们哪些思考呢？

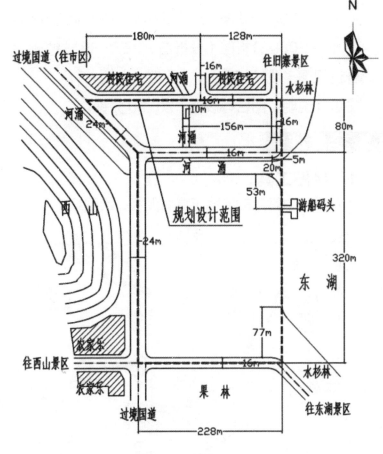

图 1.7　基地外围因素

1.2 考试时间及任务安排

快题设计考试一般有 3 小时快题设计（如武汉大学）、6 小时快题设计（如华中科技大学、华南理工）、8 小时快题设计（如清华大学）。本节以常见的 6 小时快题讲解快题考试任务及时间安排，大致可分为以下几个步骤：

①拿到任务书，阅读勾画重点，仔细审视基地图纸，定位、定性、定量，抓住"题眼"，并粗略计算用地指标（容积率、建筑密度、建筑面积等），20~30 分钟；

②1：2000 结构性的草图（一草），30~40 分钟；

③1：1000 草图平面（二草），40~60 分钟；

④1：1000 正式图，2~2.5 小时——至此总用时约 4 小时；

⑤1：2000 分析图（分析图），20~30 分钟；

⑥透视图（或轴测图），1 小时；

⑦设计说明、图名等核查，20~30 分钟。

1.3 工具准备

1.3.1 绘图工具

快题设计中常用的绘图工具有图板、绘图纸（A1/A2）、硫酸纸、草稿纸、铅笔（包括 HB、B、

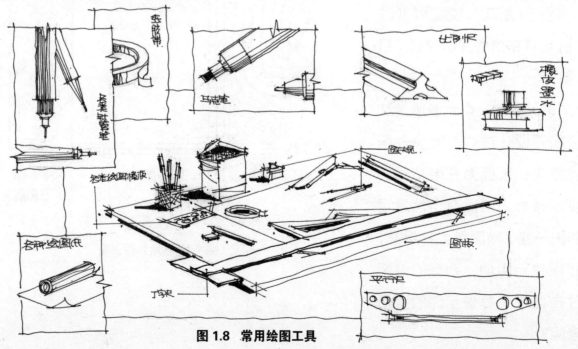

图 1.8 常用绘图工具

2B、针管笔、美工笔、马克笔、丁字尺、一套三角板、模型尺、圆规、橡皮、涂改液、胶带 / 书钉、裁纸刀、计算器等。如图 1.8 所示。

1.3.2　马克笔色彩搭配

快题考试重视方案，表现是快题考试成功的一半。色彩搭配在快题考试之前必须准备好，一般快题考试中常用的色系主要有绿色（草地、树木）、蓝色（水体、天空）、灰色或木色（铺装）、特殊颜色（点亮中心或节点）。

一般来说，平面图和分析图所用颜色会有所不同，建议准备两套不同色号的笔。平面图配色的总体要求是在选好主体色系以后，各种色系协调搭配，突出轴线、中心以及节点。分析图配色则要求色彩对比鲜明，表达清晰，一般选用饱和度较高的红绿蓝三原色的色号。如图 1.9~ 图 1.16 所示。为了初期练习配色方便，为大家推荐一套很多人都采用的 TOUCH 配色：

1）平面图色系

铺装：25、29、36、97、102、103、104。

水面：63 和 76 搭配（偏亮），67 和 76 搭配（偏暗）。

玻璃：76、114。

树木及草地：47 铺底，56（或者 46）加笔触，54 描边，51 树和灌木丛的阴影。

备选色：42、43（偏暗）。

建筑：偏蓝色调：BG3、BG7；冷灰色调：CG3、CG7；暖灰色调：WG3、WG7。

2）分析图色系

1（暗红）、11（亮红）、72（深蓝）、32（黄）、54（深绿）。

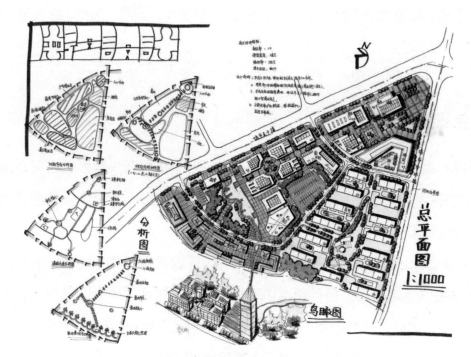

图 1.9 快题配色展示 1

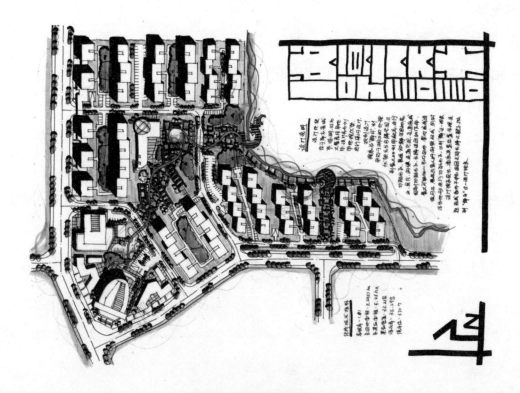

图 1.10 快题配色展示 2

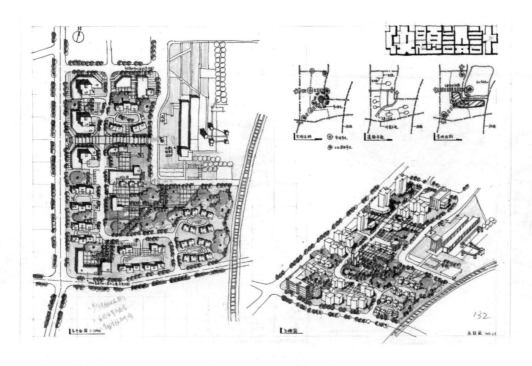

图 1.11　快题配色展示 3

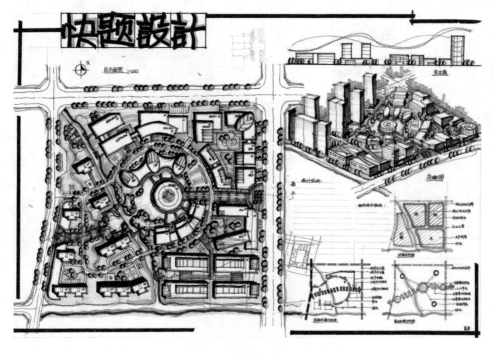

图 1.12　快题配色展示 4

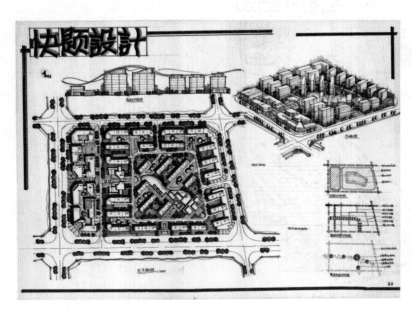

图 1.13 快题配色展示 5

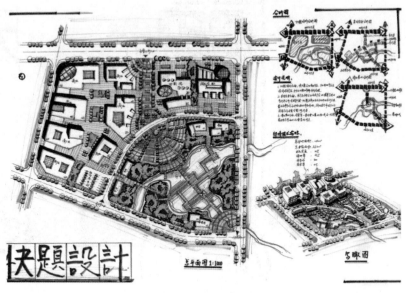

图 1.14 快题配色展示 6

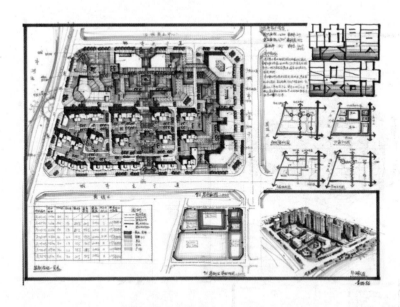

图 1.15 快题配色展示 7

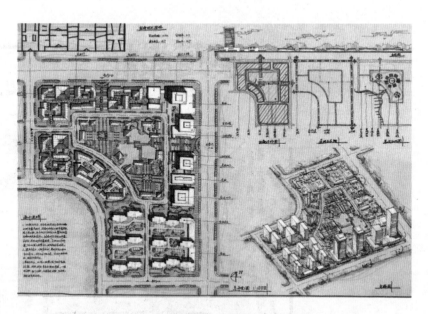

图 1.16 快题配色展示 8

1.4 快题成果要求

快题设计成果一般包括总平面图、分析图、效果图（鸟瞰图或透视图）、技术经济指标、设计说明等内容。

1.4.1 总平面图

总平面图是规划设计的灵魂，也是快题考试中分值最高的一项。总平面图要求清楚地表达用地布局、规划结构、道路交通等内容，如图 1.17~ 图 1.20 所示。总平面图中应包括以下内容：

①场地原有地形地貌、山体水系、保留建筑物、构筑物等元素；

②场地原有以及规划的道路；

③建筑物、构筑物的平面布局、层数、功能；

④地面、地下停车场库及出入口等静态交通设施；

⑤绿化、广场、景观及休闲设施的设计布置；

⑥指北针（或风玫瑰等）、比例尺（特别留心，容易忘记）。

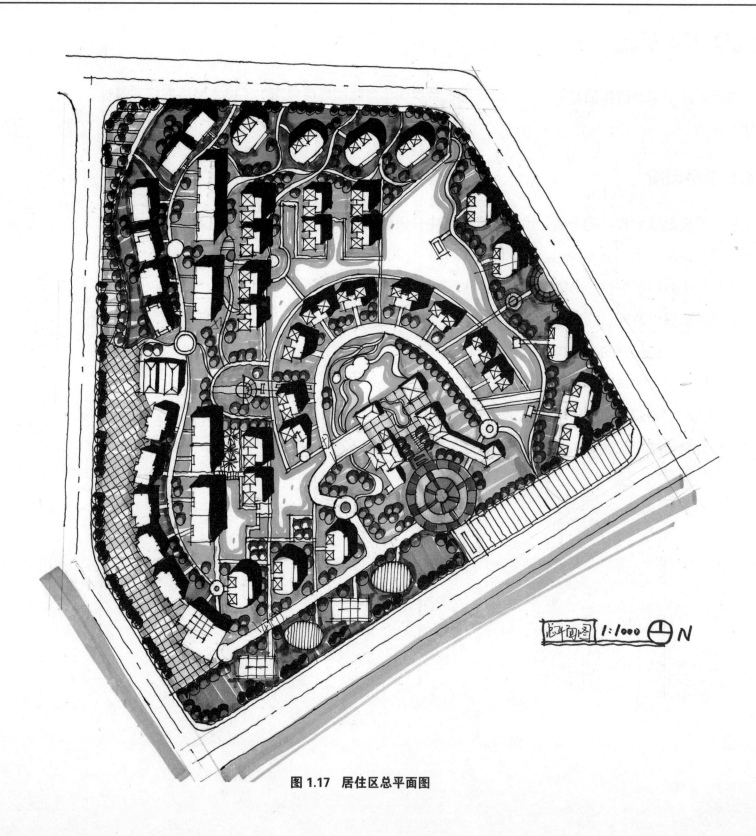

图 1.17 居住区总平面图

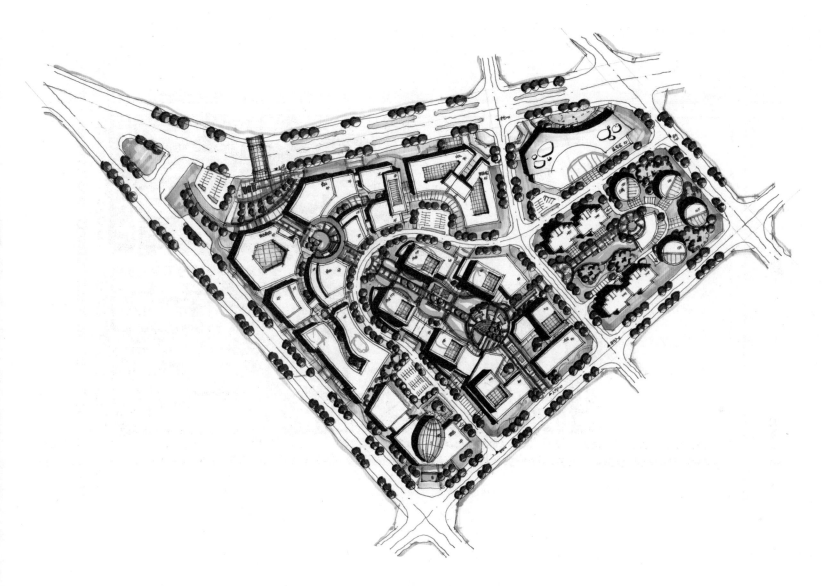

图 1.18 城市中心区总平面图

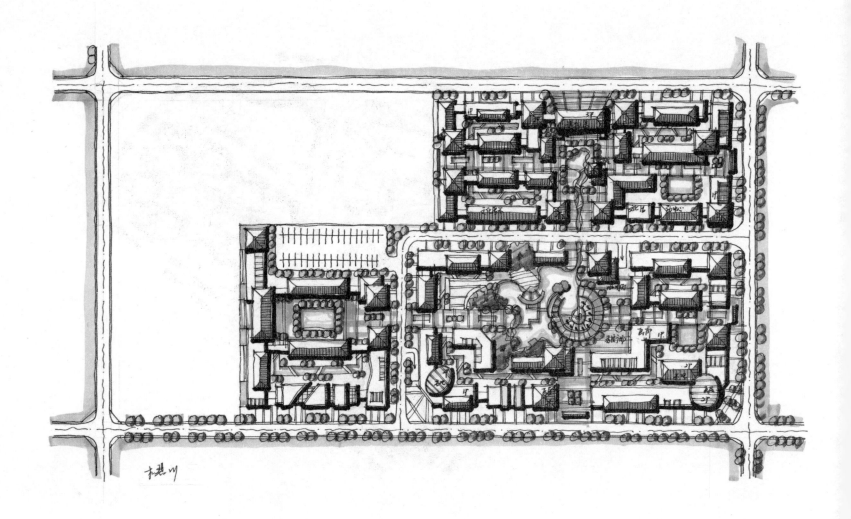

图 1.19 历史街区总平面图

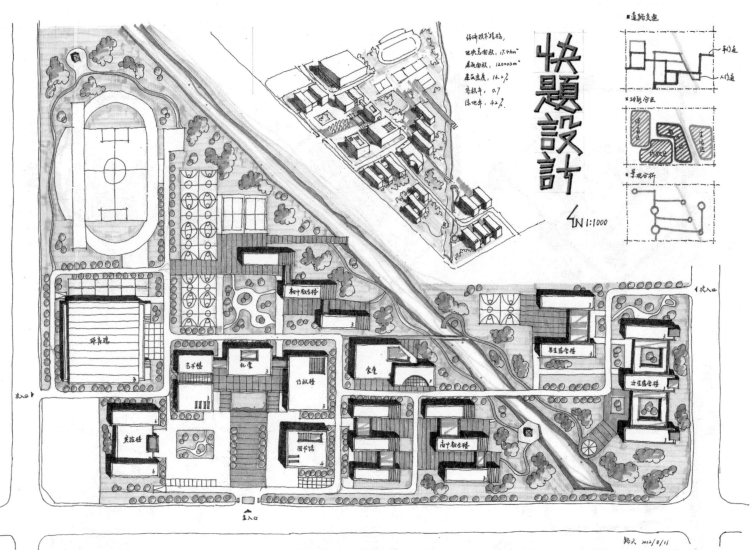

图 1.20 学校总平面图

1.4.2　分析图

分析图是对规划设计思想进行补充说明的示意图，设计者应通过概括化的图解语言抽象表达平面图中的具体内容，常见分析图有功能结构分析图、道路交通分析图、景观结构分析图等（图1.21）。

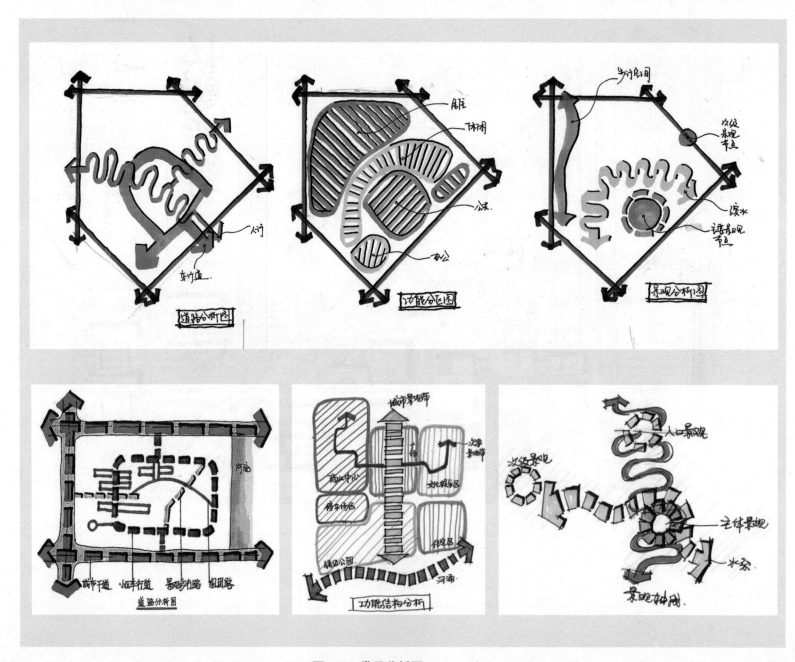

图1.21　常见分析图

三道手绘 全国免费咨询热线：400-858-2626

1.4.3 效果图

效果图是通过透视或轴测的手法将平面图纸三维化，以便直观展现方案效果。效果图表达应注重构图，选择重点地段透视；着重表达建筑物的阴影关系和体量感。如图 1.22~ 图 1.30 所示。

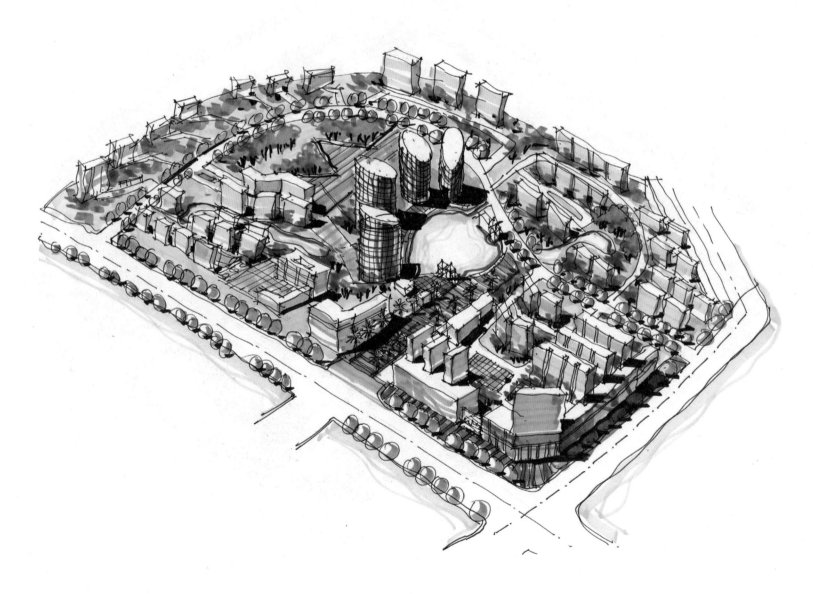

图 1.22 效果图 1

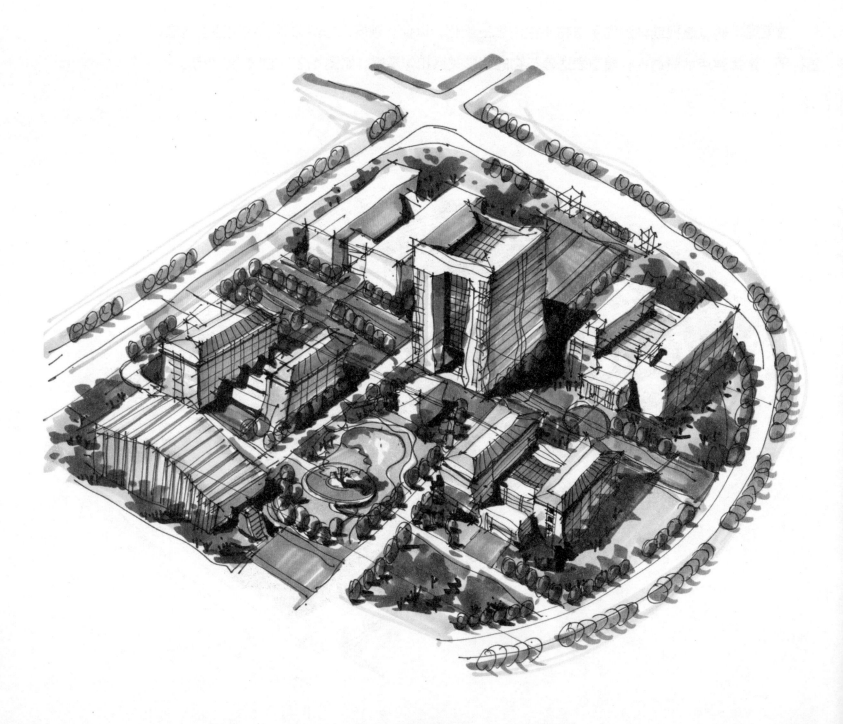

图 1.23　效果图 2

 三道手绘 全国免费咨询热线：400-858-2626

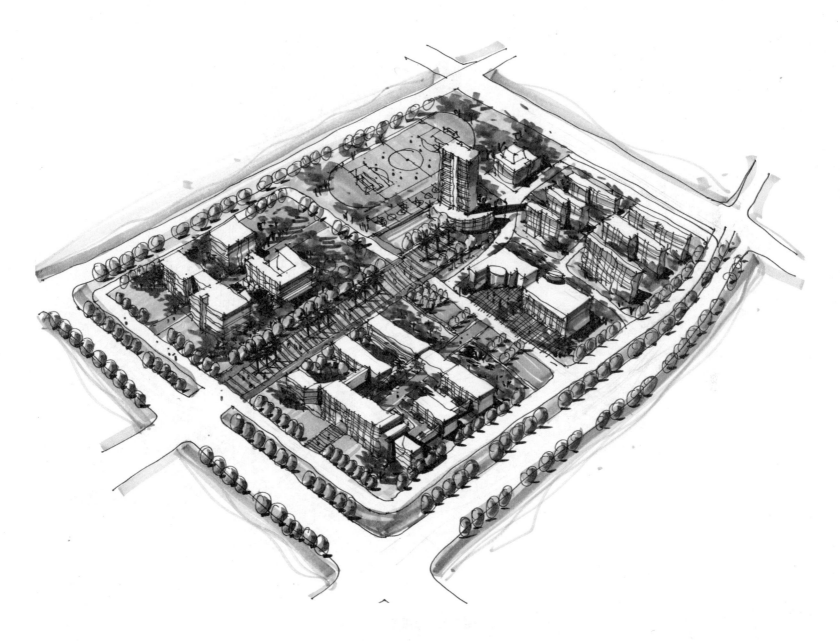

图 1.24 效果图 3

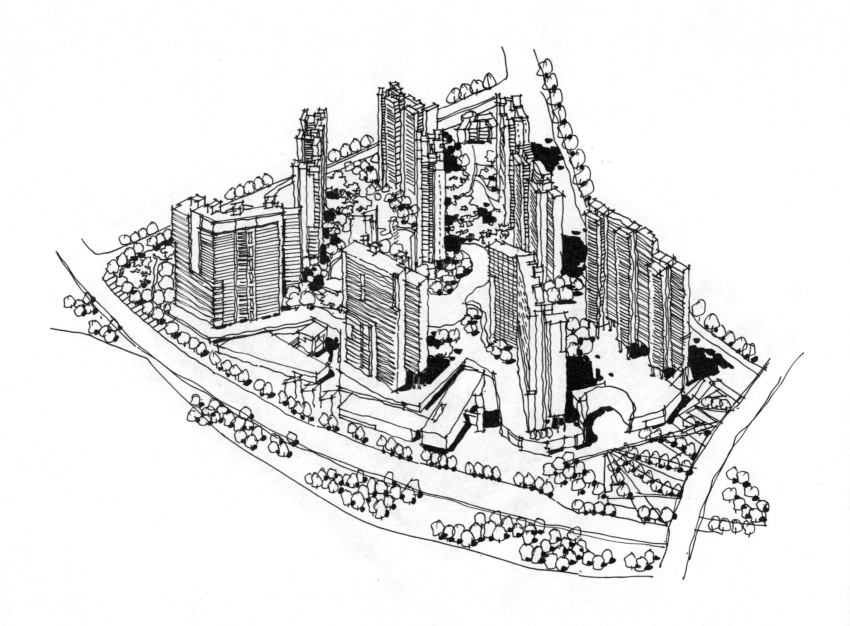

图 1.25　效果图 4

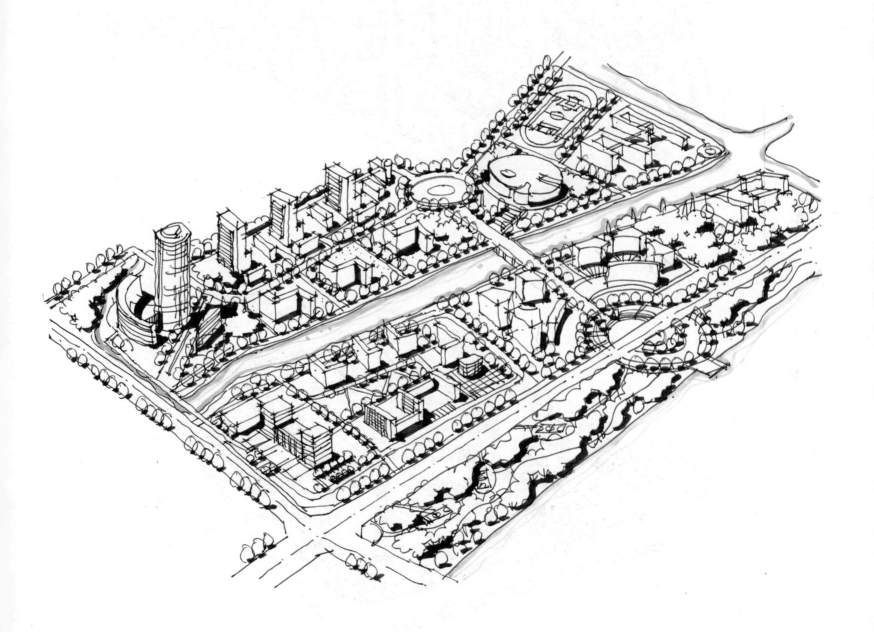

图 1.26　效果图 5

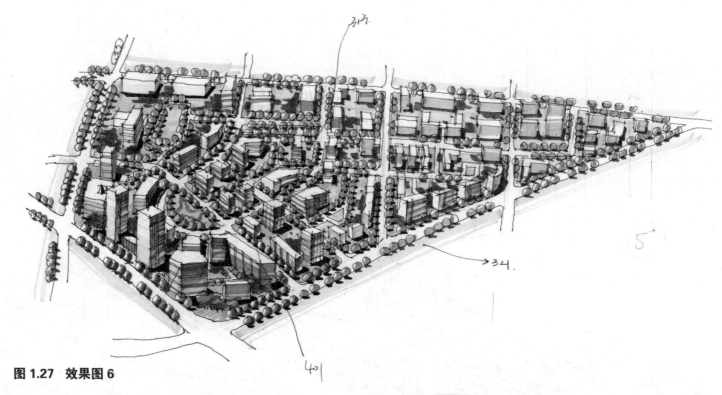

图 1.27 效果图 6

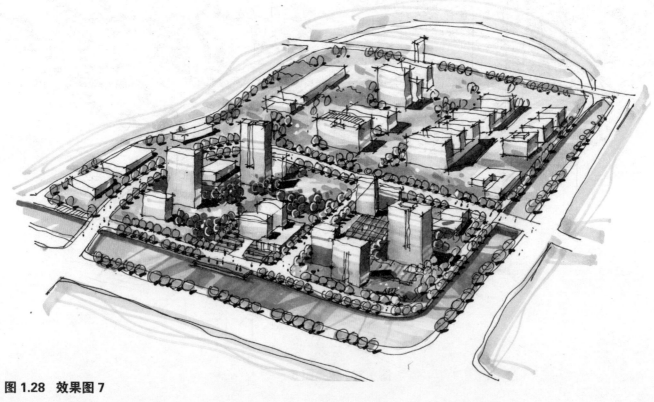

图 1.28 效果图 7

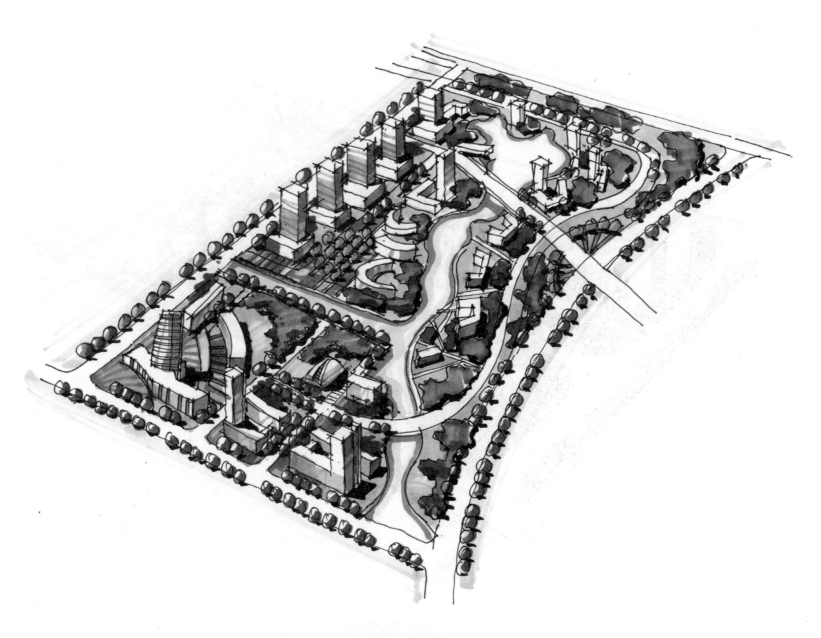

图 1.29 效果图 8

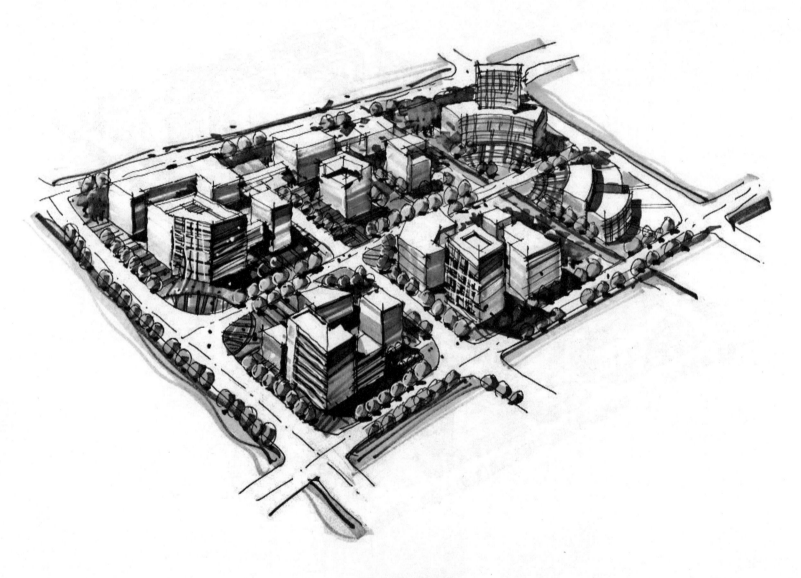

图 1.30 效果图 9

1.4.4 技术经济指标

技术经济指标通过重要指标来定量反映设计方案的合理性，技术经济指标应与题目要求和设计内容相一致。常用的指标有用地面积、容积率、建筑密度、建筑面积、绿地率、停车位等。

1.4.5 设计说明

文字说明需要用简明扼要的文字，条理清楚地阐述设计者的设计构思和方案特色。如图 1.31 中水乡旅游综合服务区规划快题的设计说明叙述：

一、项目定位

充分结合基地优越的地理位置和秀丽的自然风光，拟将该地块打造为宜居宜乐，集购物、休闲、观光、旅游于一体的水乡旅游综合服务区。

二、道路组织

运用流畅的 S 形路网将各分区动静分割，多样化、复合的步行系统使得该服务区魅力十足。

三、景观结构

采用"一轴三带，一核四心"的景观结构，使自然景观与建筑肌理有机融合。

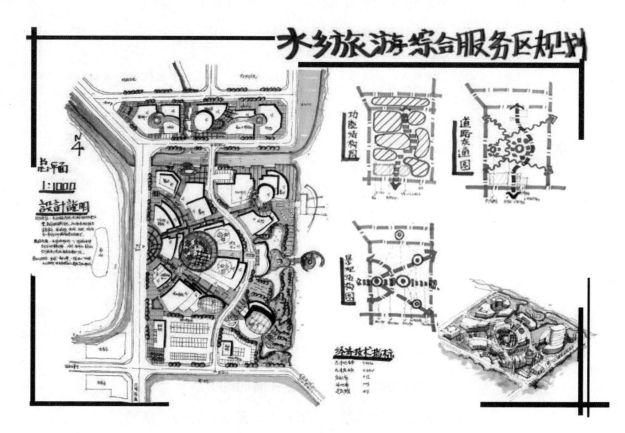

图 1.31 设计说明示例

1.5 城市规划快题设计考试要求

1）考试目的

考核考生城市规划设计的知识和能力，包括城市规划设计的基本理论与方法、城市规划设计方案构思能力、分析和解决问题的能力、设计创新及设计表达能力。

2）考试内容及分数比例

①规划设计构思   10%

②规划设计分析   5%

③规划设计   50%

④建筑选型或设计   10%

⑤规划设计意图表达   15%

⑥技术经济指标及规划说明   10%

如图 1.32 所示。

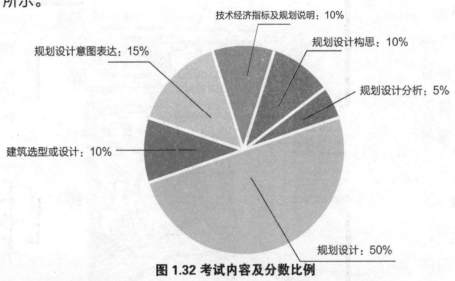

图 1.32 考试内容及分数比例

3）考试时间及成果要求

①考试时间：6 小时（含午餐时间）。

②规划设计构思、分析及设计意图必须表达清楚。

③图纸规格：A1。

④规划设计表现方式不限。

⑤规划设计成果必须规范。

4）考试要点

（1）设计任务的性质及特点

考生应能正确地理解规划用地的性质、特点及其规划设计与功能要求。

（2）规划区用地功能布局

规划设计要注意规划主题是否明确，是否反映当代城市规划设计的特征、时代潮流与发展趋势，符合题目要求；是否合理地进行功能安排与规划结构设计，规划结构是否清晰及富有创意，是否与基地周边地域景观环境相结合，是否合理组织人、车交通，安排停车场地，是否创造生动、舒适、方便、优美的景观环境，是否能较好地表现规划设计方案，体现出较为扎实的绘图基本功。

（3）规划区空间布局与景观设计

此处需注意开敞空间、半开敞空间与封闭空间的营造效果，规划区景观空间序列设计效果，规划区植物景观空间设计效果，规划区绿地景观与周边道路沿线景观设计效果。

（4）规划技术经济指标

此处要注意规划技术经济指标内容是否齐全，指标数值是否合理，是否满足规范与设计要求。

（5）图面表现技能与效果

图面表现方式（钢笔墨线、水彩、水粉、彩铅或其他）不限，图面大小需达到题目要求，图纸用非透明纸。

1.6 快题设计的评价标准与常见错误

1.6.1 评价标准

城市规划快题设计主要是训练和考核设计者两方面的能力：设计和表现。其中，设计是基础和灵魂，表现是手段和包装。因此，在评价一个城市规划快题设计水平的时候，我们往往从这两方面来进行衡量。通常来说，评价一个快题设计作品的优劣，从低到高，有三个层次的标准。

1）第一层次：无硬伤

此层次设计符合题目要求，设计方案满足题目中明确的要求或者隐藏的"题眼"，设计要符合技术规范，设计方案符合相关规定和基本技术要求。

2）第二层次：无失误

此层次设计功能布局、交通组织、绿化分布合理；设计方案布局合理，符合基本功能要求，交通组织便捷，人车流线顺畅，绿化分布均衡，景观系统清晰丰富；环境和谐，设计方案充分考虑可持续发展的需要，根据内外部环境设计出适应性较强的成果。

3）第三层次：有亮点

此层次设计巧妙，设计方案构思新颖有特色，创造了较为丰富的空间意境，造型处理漂亮，巧妙解决实际问题，创造综合效益；表现良好，设计方案图效果有特色，线条流畅，色彩协调，层次分明，重点突出，整洁美观。

1.6.2 常见错误

1）严重错误

①没有完成：没有在规定时间内完成图纸，图纸内容不全。由于快题设计时间有限，在设计过程中，时间的把握是很重要的，不要把时间过多地花在某一个阶段或者某一个局部，应该在所有内容都完成的基础上再来提高质量。

②不符合基本题意：设计方案不符合题目中关于项目性质、建设内容及规模的要求，与题目要求的技术经济指标相差较大。

③平面形式及尺度错误：住宅建筑尺度过大，公共建筑尺度过小，影剧院、会展场馆等需要大空间的建筑被设计成了进深狭窄的长条形，道路宽度过宽或者过窄，体育活动场地严重不符合标准……这些都是常见的形式和尺度问题。错误的根源在于设计者对于各种类型建筑及场地设计不熟悉甚至不了解。

④间距错误：建筑间距过小，不满足日照、消防的要求，不符合相关技术规范；功能分区明显不合理；各功能区没有得到合理安排，需要便捷联系的功能联系不便，功能相斥的没有适当隔离，因此引起交通混乱、流线交织等问题；道路交通设计不符合技术规范；建设用地的机动车出入口离道路交叉口距离过近，出入口数目不足。

2）明显不足

①结构组织涣散：方案的组织结构不成系统，没有经过整体的设计，一盘散沙。

②交通组织不完善：道路层级不清晰；步行系统不够完整；停车场地选择位置不够合理，停车位明显不足，停车场出入口数目不足或者通道设计不合理等。

③绿化景观系统不完整：绿化景观不成系统，较为零散。

④开放空间设计不足：开放空间布局散乱，设计简陋，界面破碎。

⑤忽视题目中设定的重要条件：对题目中设定的重要条件视而不见，落入题目设计的陷阱。比如，对建设用地内部的山体和水面进行大挖大填，对建设用地内外部的重要建筑不加以任何利用等。

第2章　审题与场地解读

　　快题设计的题目是对现有用地条件和要求的浓缩简化，通常有 2~3 页 A4 纸。因此，拿到题目首先要注意审题，把冗长的题目进行过滤，提炼出隐藏信息，即抓住"题眼"，再对各种要求进行分析。

2.1　审题

审题原则如下：

1）明确任务，定位定性定量

　　①定位：通过任务书解读，分析建设用地所在城市区位、周边用地性质、交通条件、景观条件和用地现状，确定规划用地的位置和范围、核算用地面积。

　　②定性：设计应首先落实地段性质，在此基础上进行用地组织和空间结构研究。

　　③定量：根据任务书给出的基本条件、容积率、建筑密度等初步推算出总建筑面积、主要功能单元的规模和密度，作为用地规划和空间设计的基本依据。

2）抓住"题眼"，准确全面审题

　　审题一定要准确、全面，不能漏掉关键信息，如题目中一些"题眼"，主干道（城市主要景观界面、禁止机动车开口）、河流（做足水的文章）、古井（保留作为景观节点）、轨道交通站点（人流集散与引导、疏散广场、交通换乘）等。

2.2 场地解读

通常情况下，快题考试题目要求结合地块区位与地形地貌、周边以及内部环境等做出合理的判断并在图面上进行表达。

2.2.1 对规划用地宏观环境的分析

1）指北针、比例尺等基本信息

指北针、风玫瑰等基本信息对于建筑、场地等的朝向和布局都有着直接的影响。从舒适性角度来说，特别是对于住宅建筑、教学建筑、医院建筑等来说，朝南为建筑的最佳朝向。体育场地布局时宜将其长轴方向与南北向平行。应结合周边用地性质以及风玫瑰显示的风向信息，考虑对污染的防范。建筑群体组合方式应结合风玫瑰显示的方向信息考虑夏季通风与冬季挡风的因素。

2）所处宏观地理位置等基本信息

了解建设用地所处的宏观地理位置，用地处于哪个城市、位于我国南方还是北方等，这些信息也将对设计产生一定的指导作用。不同纬度地区的场地接受太阳辐射的强度和辐射率存在差异，会影响建筑物的日照标准、间距与朝向，其中日照间距直接影响建筑物密度、容积率和用地指标等。如果题目给定的基地图纸附有风玫瑰图，设计时还应格外注意主导风向对建筑布局、防止污染、居住舒适度等因素的影响。

3）南北气候差异带来建筑空间布局方式不同

南方温热、潮湿、多雨，北方寒冷、干燥、少雨。因此，南方建筑及建筑组合形式应考虑通风，避免太过封闭；北方建筑及建筑组合形式应注意防寒，注意围合。

4）不同地区日照要求不同

住宅建筑的布局特别需要满足日照间距。一般来说，在题目中日照系数会提前给定。

5）规划用地所处地域的历史文化条件

对于一些历史地段的规划设计来说，基地所处区域的文化背景、历史风貌是影响设计思想的重要因素，需要特别留意。

2.2.2 对规划用地外部环境的分析

1）地形地貌

地形地貌（平地、坡地、局部山地、局部水面、河流等）与场地的竖向设计密切相关，直接影响建筑的总体布局和开放空间的布置。规划设计应充分利用和结合特殊地形地貌与地面坡度，尊重场地的自然条件，减少工程难度，塑造空间特色。

坡地要分析坡向与朝向，确定建筑平行还是垂直于等高线；道路与等高线的关系中，道路坡度要小于8%。一般而言，坡地、河流通过设计，应是方案的景观亮点。

2）山体

山体可主要作为外部景观对象来用。特别是一些观赏性比较强的山体，可将其纳入到景观视线通廊之中，主要考虑观赏点与最高峰之间的关系，比如将其作为景观轴线上的重要节点。另外，也要注意建筑高度不要对山体天际线造成负面影响。

3）水体

若水体位于用地外部，则无法对其流向、外形进行改造，但外部水系对地段内的功能分布和规划结构会产生较大的影响。一般来说，应该考虑在沿水系附近布置良好的绿化、景观以及公共活动空间，使其成为设计中的亮点（图2.1）。

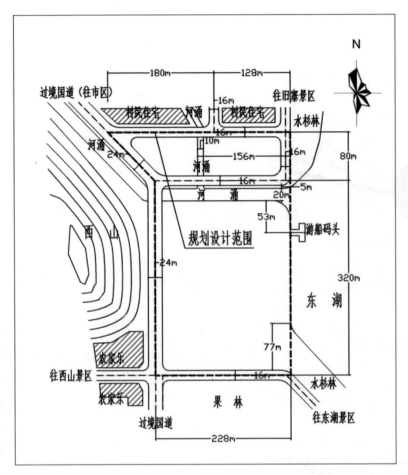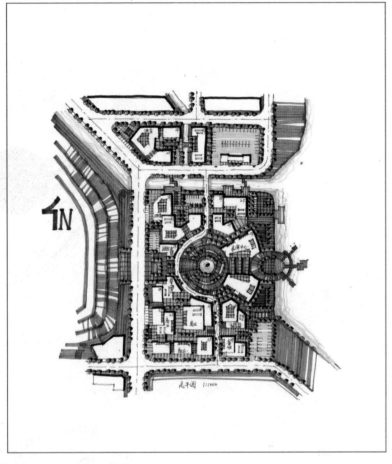

图 2.1 基地外部山体、水体处理示例

4）道路交通

外部道路：分析外部道路的宽度、性质。比如，当题目给出建设用地外部道路为城市快速路、城市主干道的时候，则暗示着不宜在该道路上开设基地的机动车出入口。

5）重要交通设施

当题目中出现汽车站、城市铁路车站、地铁站、人行天桥等交通设施的时候，则需要考虑人流方向对建设用地出入口位置的影响。另外，公交总站、城市铁路车站以及地铁站还需要考虑瞬时人流的影响（图 2.2）。

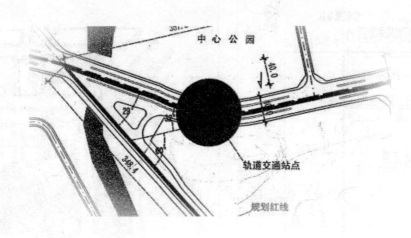

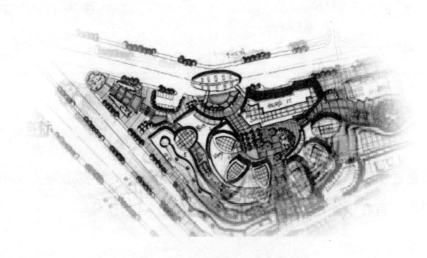

图 2.2　基地外轨道交通处理示例

对于地铁站口，一般只需要设计出站口和疏散广场即可；对于轨道交通站点、火车站等除需要考虑瞬时人流设计疏散广场外，还需要根据要求配备社会停车场、公交停靠站、出租车停靠点、站房等设施。本节此处以武汉市汉口站站前改造实例和享誉中外的武汉高铁站设计方案为例说明，如图2.3~图2.6所示。

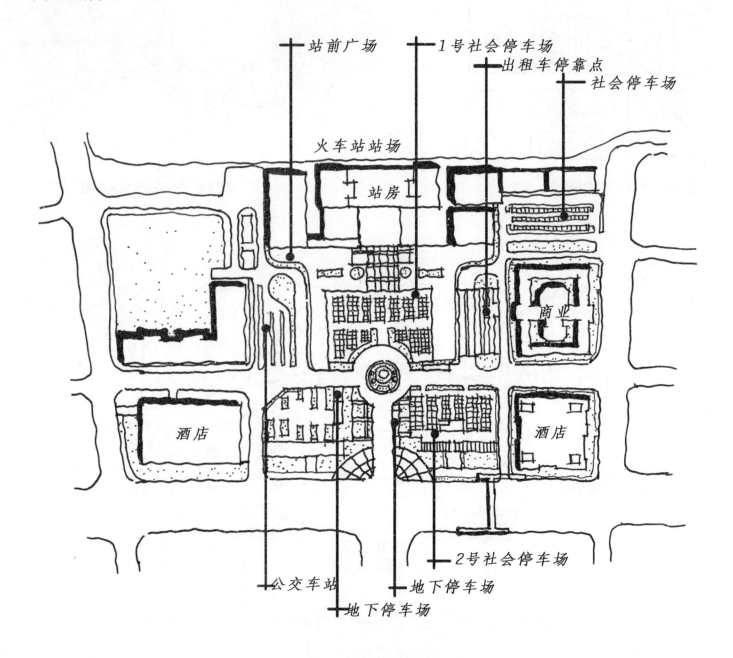

图2.3　汉口火车站改造前简化平面图

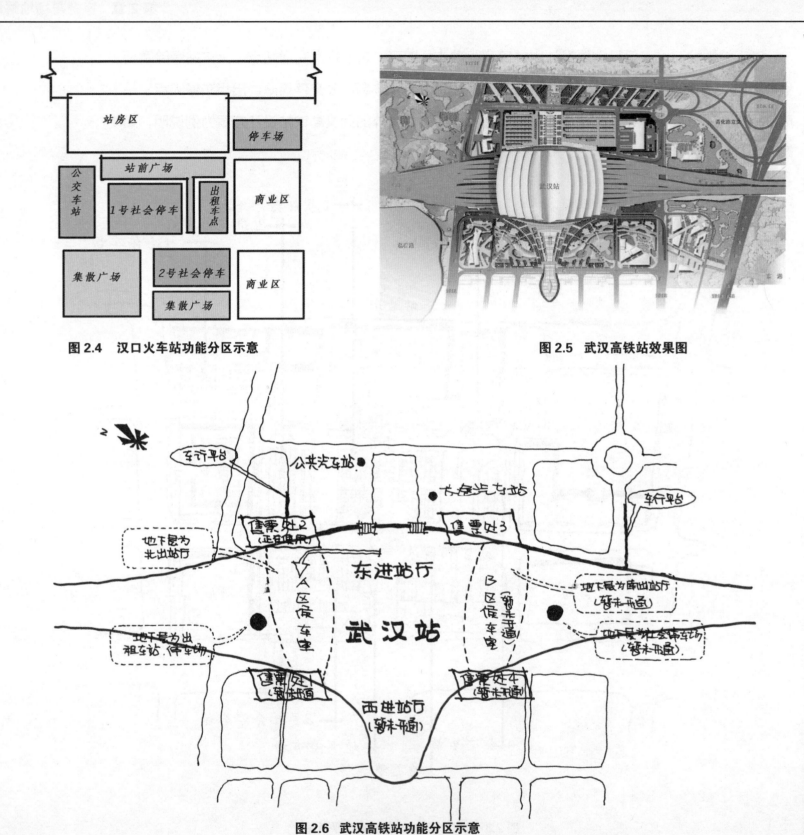

图2.4 汉口火车站功能分区示意

图2.5 武汉高铁站效果图

图2.6 武汉高铁站功能分区示意

6）周边用地性质

应注意协调基地内部各功能分区与周边用地的关系。性质相同、功能相近的用地放在一起，这是进行用地布局的原则之一（当然也要综合考虑其他因素）。当相邻用地为城市绿地或者广场时，则暗示该相邻用地所在的一侧适宜设置人行出入口。当相邻用地为文化娱乐或体育用地时，则需要考虑瞬时人流对基地交通的影响。

7）外部建筑

①标志性建筑：建设用地外部如果有区域标志性的建筑，可以将其作为景观对象来处理。将其纳入到景观视线通廊中，形成对景（图2.7）。

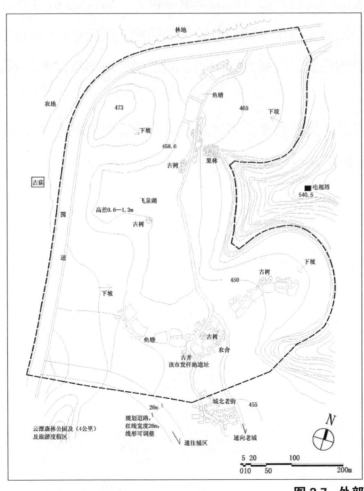 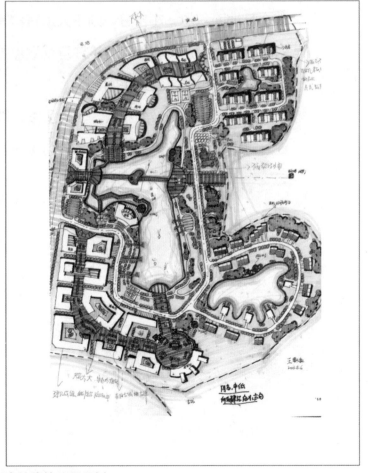

图 2.7 外部标志性建筑处理示例

②会产生日照影响的建筑：对于图 2.7 地块南部的高层建筑，以及地块北部的居住、教学、医院等建筑需要特别地留心，它们因为日照间距的因素会对基地内的建筑布局产生影响。

③建筑风貌：建设用地内的建筑风格需要与外部建筑的风格相协调。特别是当题目中提出用地位于某历史地段的时候，要特别留心用地的规划建设，不要对周边区域的历史风貌产生不良影响。需要考虑用地和周边地块风貌的协调及功能的延续。

2.2.3 对规划用地内部条件的分析

1）山体

用地内部若有山体，需要分析该山体的坡度和高程。如果该山体坡度较大、高程较高，且只占整个基地面积的一小部分，则不太适宜将其作为建设用地（除绿地外）来使用，而应将其作为景观对象来处理。这种情况下应该注意观景点位置的设置，观景点到山顶之间视线夹角不宜过大，而且还可以围绕山体来组织空间。

如果该山体的坡度不大，较为平缓，则可以将其作为建设用地来使用。但需要注意竖向设置，注意建筑、道路与等高线的关系，利用高差形成丰富且有趣味的空间（图 2.8、图 2.9）。

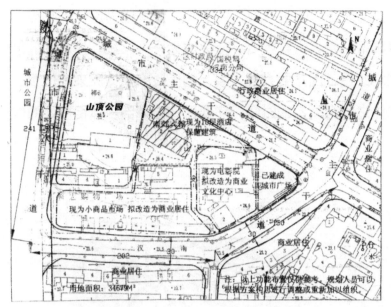

图 2.8　地块内部山体处理示例 1

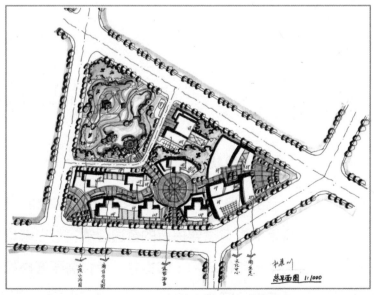

图 2.9　地块内部山体处理示例 2

2）水体

用地局部有水面或者水道的时候，应该围绕这些水体来组织公共空间，使其成为设计的亮点。可以对基地内部的水体进行改造、修整，将零散的水体进行整合，使之成为一个系统，使水面的形式更加优美。但是这种改造应该是基于现状的改造，而不要大挖大填，彻底改变水体原来的位置、流向和规模。另外，当用地内水体与外部水体之间有联系的时候，需要保持内外部水体相接处的位置不变。如图 2.10 所示。

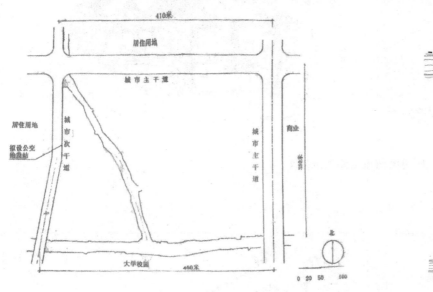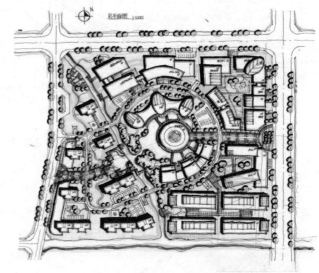

图 2.10 地块内部水体处理示例

3）现状建筑

若用地为一片空地或者是存在比较破旧的可以拆除的民房，则基本上可以等同于空地来看待；若用地内有需要保留的普通建筑，可以考虑如何能使这些保留建筑融入整体环境中；若有重要的历史建筑和构筑物（如古井）等，需要考虑如何围绕它们构造核心空间或者通过景观视线廊道突出其重要性（图 2.11）。

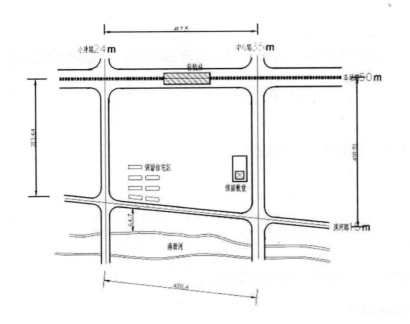
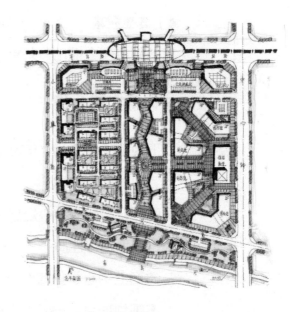

图 2.11 地块内部现状建筑处理示例

2.2.4 对规划用地设计要求的分析

1）地段性质及建设内容

弄清任务书的设计目标、建设规划用地是什么性质的用地，如设计任务是居住区还是旧城改造项目；建设的内容有哪些、规模如何，如"SOHO 办公 2.0 万平方米""住宅建筑 10.4 万平方米"等。

2）成果要求

快题设计的成果要求一般包括总平面图、表现图、各种分析图及设计说明、技术经济指标，有的题目还会要求有节点放大图、重要界面的立面图等，先弄清要求再做详细设计。

3）指标要求

快题设计中一般会明确给出相应的建设指标，为了避免方案做完后再核对建设强度时相差太远，应该在一开始就对任务书中的设计指标进行分析，做到心中有数。尤其要关注建筑密度、容积率、建筑面积、建筑限高等核心指标，具体的技术经济指标分析将在后面详述。

4）其他要求

有的题目还会提出一些其他要求，如建筑户型、设计风格、停车要求等，审题时也应注意。

2.2.5 审题实例分析

以下为某高校 2004 年攻读硕士学位研究生入学考试试题。

一、规划项目名称

某南方城市商业中心规划设计。

二、规划项目性质

1. 本商业中心是集商业与居住功能于一体的综合性商业中心。

2. 本规划项目为旧城中心地段改造项目。

三、规划用地条件

本规划用地范围为某南方城市商业中心的一期建设用地范围，北至城市主干路红线，其他三边至城市次干路中心线。用地条件见规划用地现状图。

四、规划设计要求

1. 本商业中心商业建筑除了可以临城市道路布置外，还要求规划一条商业街。

2. 部分住宅可以结合商业建筑进行布置，其他住宅独立布置。

3. 建筑层数和风格不限。

4. 容积率：不低于 2.0；绿地率：≥ 25%；住宅日照间距系数：1∶1。

5. 商业建筑面积：住宅建筑面积 =30∶70。

6. 商业建筑的具体内容自定，可以适当安排金融、文化和娱乐内容。

7. 住宅套型比：大∶中∶小 =30∶50∶20。

8. 大套住宅建筑面积：$150m^2/$户，中套住宅建筑面积：$120m^2/$户，小套住宅建筑面积：$90m^2/$户。

9. 商业建筑必须配备 100 个标准停车位，停车方式自定，住宅必须配备总户数的 30% 的小车停车位。

10. 进行城市道路的横断面设计。

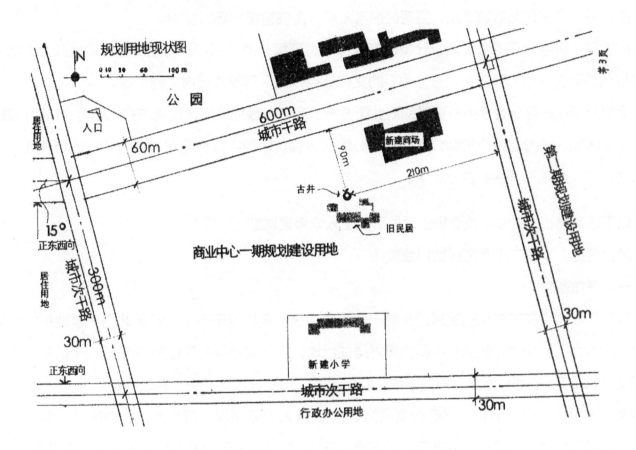

题目解读

地块周边道路层级关系：

1. 北面道路为 60m 城市主干道——不宜开设机动车出入口；考虑城市的空间形象，可在北侧设置高层（居住、办公），但应注意保护建筑的限高。

2. 次干道：考虑设置机动车出入口或商业街等大量人流集散区的设置。

3. 北面公园，西北角有公园入口——考虑基地出入口的开设（步行），同时考虑将公园景观引入基地内部。

4. 居住：考虑相近地块性质相同设计。

5. 行政：行政办公属于外向型建筑，考虑相邻地块以办公型功能、静态、严肃性功能设置为主，并注意交叉口形象开敞空间设计。

一期综合商业中心与二期地块开发的关系：可考虑公共中心节点是否可以右移，引导二期开发。

古井——保留作为景观节点，强调保护与发展，围绕营造出场所空间。

古建——可结合任务书要求设计特色商业街考虑延续开发与保护；商业街也可单独开发，此时古建以保护为主，结合开敞空间作为中心的文化节点，如保留改作民俗博物馆等。

保留商场——可结合任务书要求的商业街开发，商场与基地内新建建筑应有机结合，风格一致。

保留学校——考虑地块内部公共服务中心的复合性，保留学校空间在地块空间内的整体性（需要交通结构、景观空间的结合营造）。

以下是某高校 2009 年攻读硕士学位研究生入学考试试题。

项目名称：某职工生活区详细规划设计

一、基地条件

苏南某城市拟在市郊保税区附近新建一职工生活区。基地位于市中心城区北侧，基地东侧为保税区，北侧为工业用地，西侧和南侧为规划居住用地，规划设计范围用地面积 13.3hm²。基地东侧有一宽度为 20m 的规划河道，南侧绿线控制见附图；东侧城市干道港华路红线宽度为 40m（设中央绿化隔离带）；其他周边道路红线宽度为 24m。基地地势平坦，有小河在其中穿过。要求打造符合城市居民、精英白领和进城务工者等不同人群生活需求，且环境优美、社会和谐的生活社区。

二、建筑内容

1. 住宅与单身宿舍：建筑面积 19 万平方米。具体说明如下：

（1）单身宿舍（打工楼）：建筑面积约 10 万平方米，要求人均建筑面积 10m²。4 人 / 间，带卫生间，不设上下铺。单廊。

（2）商业服务设施：建筑面积 2 万平方米，包括旅馆 5000m²、商店、超市、食堂及餐饮、综合服务、金融、邮电等。

2. 文化活动设施：建筑面积 8000m^2，包括文化活动站、职业培训学校（4000m^2）、网吧、娱乐设施等。

3. 管理、服务设施：建筑面积 2000m^2，包括社区管理、物业管理、卫生所等设施。

4. 公共绿地、休闲和体育活动场地：按标准配置，用地面积自定。

5. 其他设施：根据需要自定。

三、设计要求

1. 用地功能布局合理、结构清晰、形式活泼，环境条件良好，注意港华路道路景观；合理组织人、车交通，方便居民，减少对城市道路的干扰。

2. 地块综合控制指标分别为：

（1）容积率不大于 2.0。

（2）建筑密度不大于 30%。

（3）绿地率不小于 35%。

（4）宿舍楼不大于 21 层，公寓和住宅不大于 18 层，商业、文化设施建筑高度不大于 24m；日照间距为 1：1.35；建筑红线后退绿线 10m，后退道路红线 5m。

3. A 类（单身宿舍）只考虑自行车，B、C 类（单身公寓和住宅）考虑地下车库，其他按规范设置停车场及停车位，地面停车位不超过总停车位的 10%。

4. 区内河流应尽量保留，但可根据设计者意图适当改造与整治。

四、设计成果

1. 生活区规划总平面图（1：1000），要求表示出：

（1）建筑平面形态、层数、内容。

（2）人行、车行道路及停车场地。

（3）室外场地、绿地及环境布置。

2. 规划构思与分析图若干（功能结构和道路交通分析为必须）。

3. 局部透视或鸟瞰（图幅不小于 420mm×297mm），需包括一部分室外空间和至少 2 幢主要建筑。

4. 简要文字说明（不超过 200 字）。

5. 主要技术经济指标。

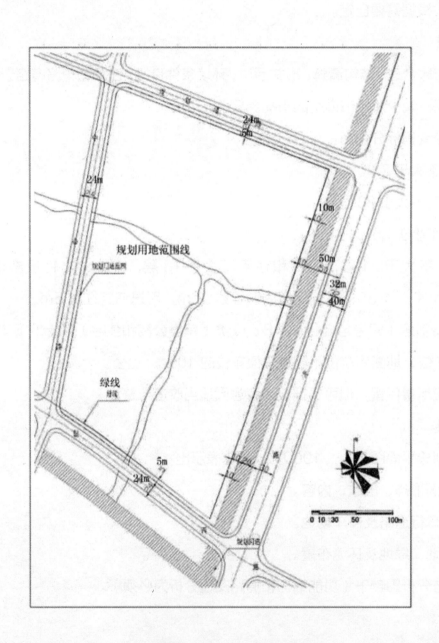

题目解读

苏南地区——可在方案中体现苏南地区的建筑特色和文化。

东侧道路为城市干道——注意东侧城市景观界面的塑造；合理组织人、车交通，减少对城市道路的干扰；考虑在干道交叉口附近布置城市标志性建筑。

东侧和北侧为工业用地，西侧和南侧为居住区——考虑相近地块性质相同设计；西侧和南侧比较安静，适合需要安静的建筑；东侧和北侧为外来务工人员的主要人流来向，在出入口的设计上应着重考虑。

东侧有 20m 河道——河道两侧应规划较宽绿地，可围绕此组织滨河景观。

基地内部有小河穿过——充分利用水景，考虑围绕其组织公共空间。

单身宿舍、单身公寓、住宅信息——可推断出这三种建筑的平面形式和尺度，以及大概的居住人口。

建筑限高要求——考虑城市空间界面、天际线的设计。

2.3 场地界限

2.3.1 场地界限的城市规划定义

掌握用地界线、道路中心线、道路红线、建筑红线、绿化控制线等专业术语和技术常数。

①用地界线：指某一建设项目的全部用地范围。用地界线范围内的用地也称"地块"。

当其用地临城市道路时其用地界限一般为道路红线；

当其用地临河流、高压走廊或各类隔离带时其用地界线为规划河岸线或规划各类防护、隔离带的用地界线；

当其用地一侧或几侧为其他建设项目时其用地界线为它与周围建设项目的分界线。

②道路中心线：一般指道路路幅的中心线。规划道路断面的中心线称规划中线，道路两侧红线间的中心线称红线中线。

③道路侧石线：道路侧石是用来分隔不同类型车道的，比如机动车道与非机动车道、非机动车道与人行道之间都是以侧石分隔的。

④道路红线：也就是"道路缘石线"，任何建筑都不得超越给定的道路红线。尤其注意在道路交叉口处，道路缘石线为切角，建筑物的后退距离和层高都有更高要求，这是为了满足一定的视角三角形范围，保证车辆通行安全（图2.12）。

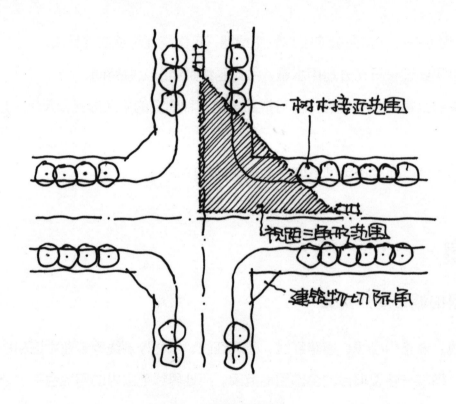

图2.12　视角三角示意

⑤建筑后退红线：指根据城市规划需要确定的建筑物可建范围的控制线（"建筑控制线"）。一般而言，沿城市快速路的各类建筑，后退距离应当不小于20m；沿城市主、次干路的各类建筑，后退距离应当不小于15m；沿城市支路的各类建筑，后退距离应当不小于10m。

全国各地对建筑后退红线的要求并不统一。比如，上海多层建筑退周边道路红线 3m，高层建筑退后道路红线 10m。

⑥城市蓝线：一般称河道蓝线，是指水域保护区，即城市各级河道、渠道用地规划控制线，包括河道水体的宽度、两侧绿化带以及清淤路。根据河道性质的不同，城市河道的蓝线控制也不一样。

⑦城市绿线：指城市各类绿地范围的控制线。"绿线"是城市公共绿地、公园、单位绿地和环城绿地等的界线。

城市绿线分为现状绿线和规划绿线，现状绿线作为保护线，绿线范围内不得进行非绿化设施建设；规划绿线作为控制线，绿线范围内必须按照规划进行绿化建设，不得改作他用。

各类场地界限如图 2.13 所示。

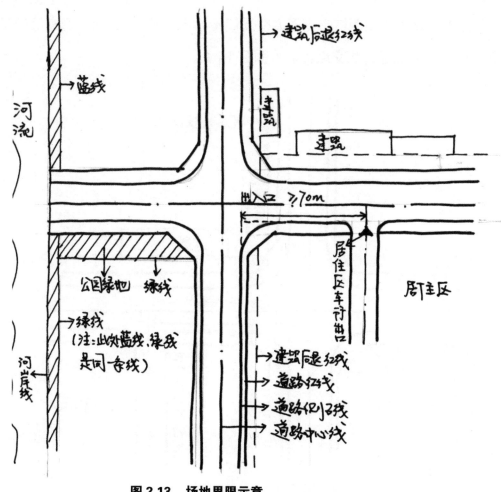

图 2.13　场地界限示意

2.3.2 场地出入口的一般规范

场地出入口的设置与周边道路的衔接应遵循城市规划设计的有关技术规定，具体内容如下：

1）一般地块出入口设计要求

①机动车出入口距城市干道交叉路口红线转弯起点处不应小于70m（按两条交叉道路的道路红线的延长线交点计）；

②距非道路交叉口的过街人行道边缘不小于5m；

③距公共交通站台边缘不应小于20m；

④当基地与城市道路衔接通路坡度较大时，应设置缓冲段。

2）居住区出入口设计要求

居住区内部主要道路出入口距城市主干道交叉口不小于200m，距次干道交叉口不小于70m（按两条交叉道路的道路红线的延长线交点计）（图2.14）。

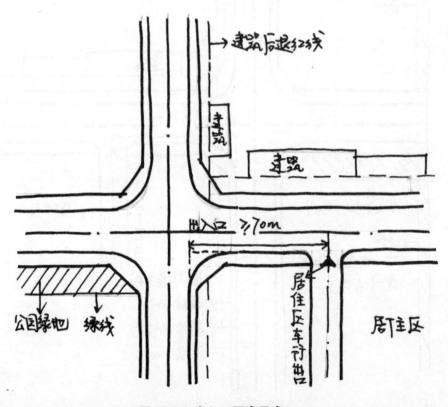

图2.14 出入口距离示意

居住区内部主要道路至少应有 2 个出入口与外围道路相连，机动车对外出入口间距不小于 150m（图 2.15）。

居住区内道路与城市道路相接时，交角不宜小于 75°；

人行出口间距不宜超过 80m，当建筑物长度超过 80m 时，应在底层加设人行通道。

居住区沿街建筑物长度超过 150m 时，应设不小于 4m×4m 的消防车通道（图 2.16）。

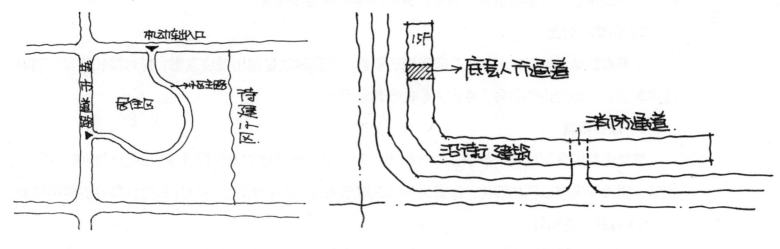

图 2.15　居住区出入口示意　　　　　　图 2.16　底层人行通道（消防通道）表达示例

2.4 常见场地要素总结

1）城市道路

①轻轨线、快速路

②城市主干道

③城市次干道、支路

2）江河湖海

考虑将水景引入基地内部，注意滨水风光的打造。大江、大河、大海一般不能直接将水引入基地内部，设有防汛堤坝的河流也不能随意开口引水。湖水由于流动性小，允许开口引水。可以在基地内部营造水景，并通过借景、对景让外部环境与基地相呼应。

3）山体、公园

如果遇到基地外部有山体、公园等景观要素，常见做法是留出视线通廊，做对景和借景。同时，注意车流、人流导向的引导，考虑人们的日常使用问题。

4）保留建筑

基地内部的保留建筑一般快题中会做出说明。设计者必须依据保留要求，保留其规模大小、位置等，屋顶平面可以稍加细化；保留建筑应注意与周边环境的结合，尤其注意隐含条件的限高控制。

5）古井、古树等

一些特色的景观元素如古井、古树等，通常保留利用做景观节点。

第 3 章　建筑知识

3.1　居住建筑

居住区内部建筑一般包括住宅建筑和配套设施建筑。住宅建筑分为低层、多层、高层，配套设施包括幼托、会所及配套商业服务设施。

3.1.1　建筑单体

1）住宅

住宅根据建筑高度、建筑结构、单元内组合方式的不同可分为低层（1~3层）、多层（4~6层）、小高（7~12层）和高层（>12层）。住宅建筑布局应注意朝向（宜南北向）、日照间距（依据当地日照情况）和侧向消防间距。多层之间的侧向消防间距为 6m，高层与任何层之间的侧向消防间距都为 13m。

①低层：别墅是最常见的低层，一般分为独栋和联排。独栋可四面采光，平面布局受限制少，因而布局灵活。快题中可以方形作为面积控制的基本单元（图 3.1、图 3.2）。

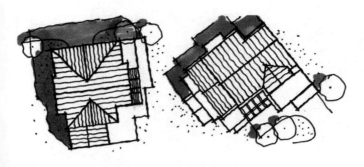

图 3.1　低层独栋别墅示例 1

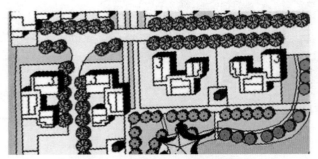

图 3.2　低层独栋别墅示例 2

在用地上，联排别墅比独栋别墅更经济，通常由 2~4 栋拼接。联排一般常用开间为 5~12m，若进深过大，需要在进深方向加内天井，以便于通风采光。利用联排别墅相互拼接的特点，可塑造出丰富的群体组合和半公共空间（图 3.3~ 图 3.7）。

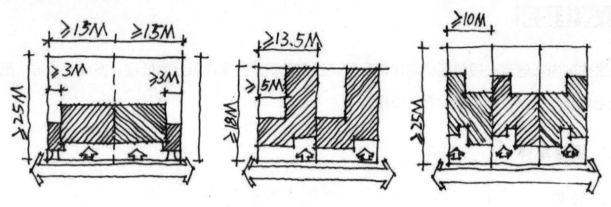

图 3.3　低层联排别墅示例 1

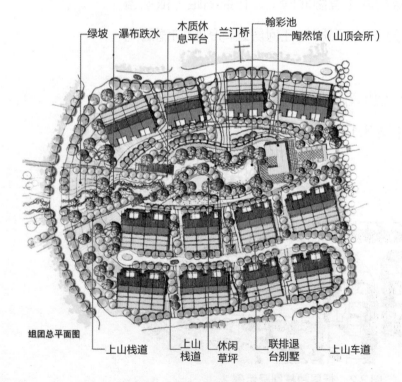

绿坡　瀑布跌水　木质休息平台　兰汀桥　翰彩池　陶然馆（山顶会所）

组团总平面图

上山栈道　上山栈道　休闲草坪　联排退台别墅　上山车道

图 3.4　低层联排别墅示例 2

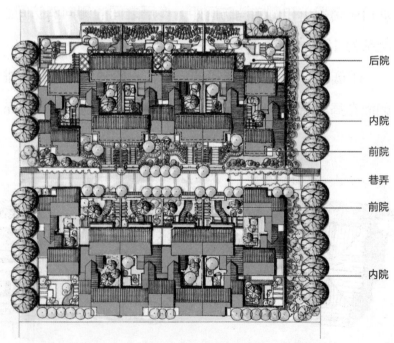

后院

内院

前院

巷弄

前院

内院

图 3.5　低层联排别墅示例 3

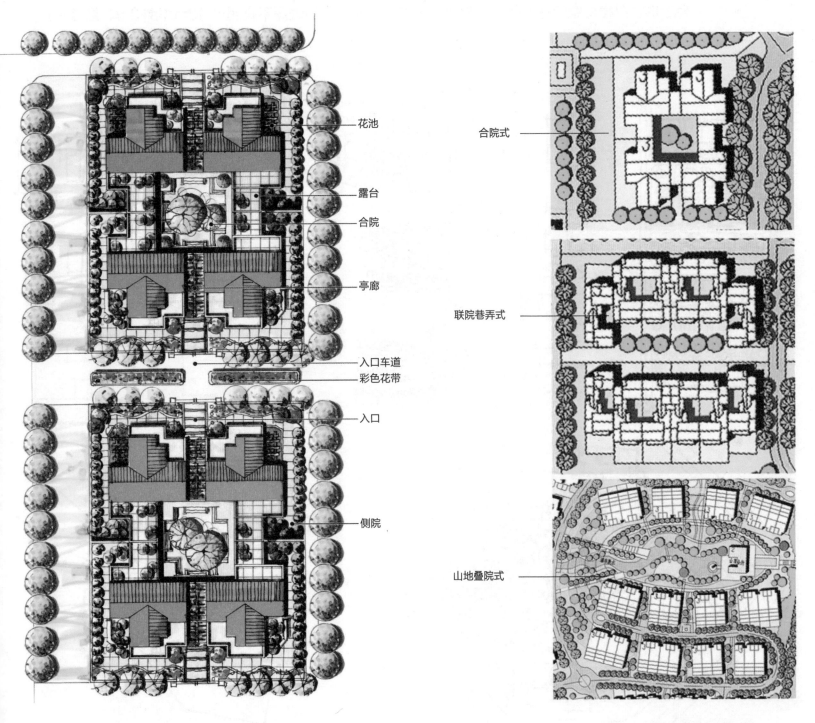

花池

露台

合院

亭廊

入口车道

彩色花带

入口

侧院

合院式

联院巷弄式

山地叠院式

图 3.6　低层联排别墅示例 4

图 3.7　低层联排别墅示例 5

②多层：多层单元式住宅是最常见的住宅形式，包含两户或多户拼接的户型组合，其基本平面为矩形，以楼梯组织垂直交通。为保证采光，单元住宅的进深不宜超过12m（图3.8、图3.9）。

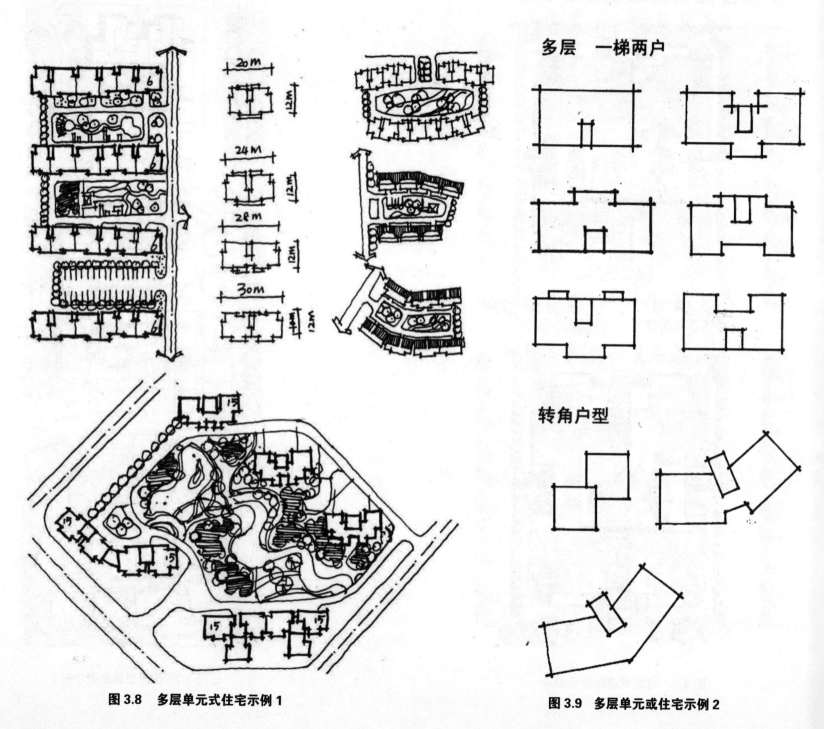

多层　一梯两户

转角户型

图3.8　多层单元式住宅示例1

图3.9　多层单元或住宅示例2

③小高层和高层一般见于点式建筑和板式建筑：点式建筑一般高于 7 层（含），以电梯组织垂直交通，并且有疏散楼梯。高层点式住宅平面一般仅由一个单元组成，它四面临空，故体型比较自由活泼，朝向多，视野广。板式住宅一般高于 7 层（含），以电梯组织垂直交通，并且有疏散楼梯。平面形式与多层住宅类似，在屋顶平面表达上可以简化为矩形或者稍加变化的矩形，但高层板式住宅的屋顶平面尺度会比多层住宅的要大。具体的尺寸应根据户型大小以及组合方式的不同来进行调整（图 3.10）。

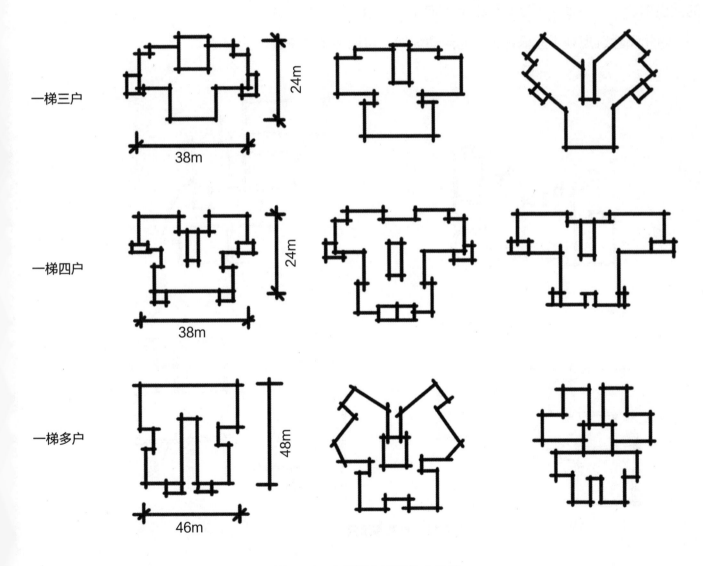

一梯三户　　　　24m　38m

一梯四户　　　　24m　38m

一梯多户　　　　48m　46m

图 3.10　小高层与高层住宅示例

④高层布置方法常见的有 4 种：对称布置或单柱式，形成大门的意象，作为地段的入口标志；成组成团布置，用于需要明确功能分区的地段；沿路沿河成排线性灵活布局，形成良好的景观面；按照某种需要呈阶梯状布局，逐级跌落，形成很好的错落感。

2）配套设施

在居住区的规划设计中，常涉及幼儿园、小学、会所以及小型商业设施这几种类型的建筑。

①幼儿园（图 3.11）：幼儿园规模多为 9 班和 12 班。其建筑的主要特点，一是多个活动单元的重复组合；二是每个活动单元必须朝向南向，以获得充足的采光。

幼儿园建筑规划中应具有集中的活动场地，且场地宜位于建筑的南侧。

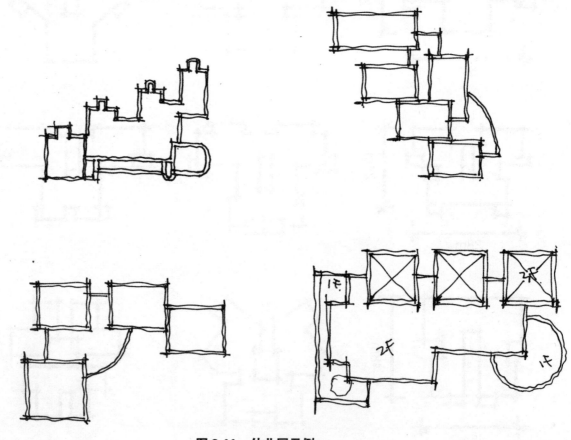

图 3.11　幼儿园示例

②中小学：在居住区中常涉及中小学的规划（图 3.12）。二者在总平面上的主要区别是规模大小不同。小学规模主要有 18 班和 24 班，中学一般为 30 班。建筑宜设置为南北朝向，建筑组合类型较为多样。

场地应包括建筑用地、运动场地和绿化用地三个部分。每个学校应设有一个篮球场或排球场。有条件的学校可设环形跑道、运动场。运动场地的长轴宜南北向布置，应设不少于一组的 60m 的直跑道。

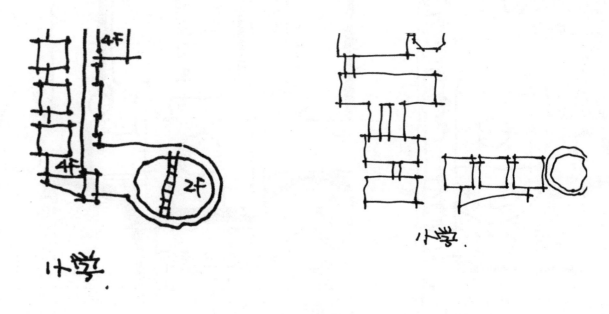

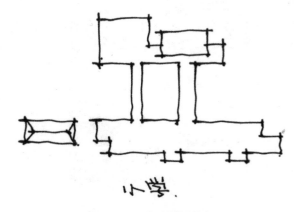

图 3.12　中小学示例

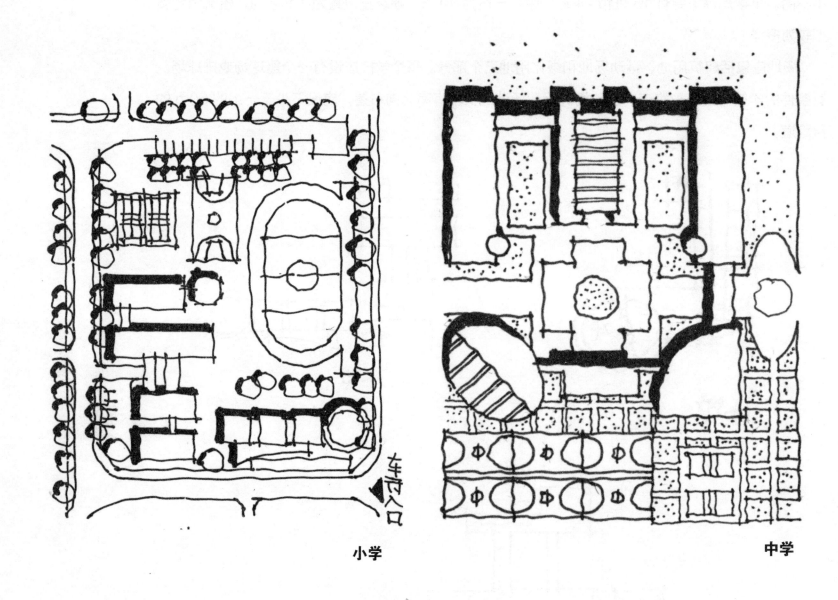

小学 　　　　　　　　　　　　　　　　　　　　　中学

续图 3.12　中小学示例

③会所：会所（图 3.13~ 图 3.16）是居住区内部居民的娱乐文化活动中心，其建筑屋顶平面比较灵活多样。会所建筑可与集中绿地结合布置。会所在居住区建成初期一般是小区售楼部，当小区基本售卖完后一般改造为会所。

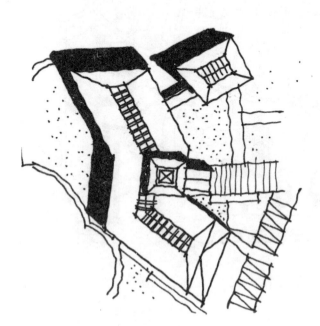

图 3.13　会所示例 1

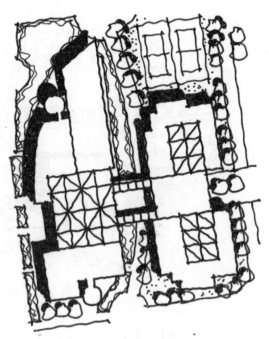

图 3.14　会所示例 2

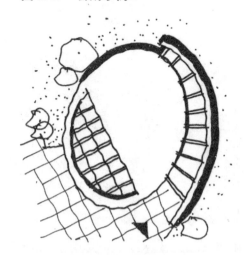

图 3.15　会所示例 3

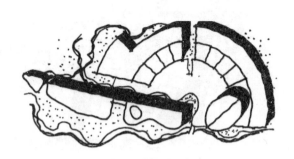

图 3.16　会所示例 4

④商业设施：商业设施（图3.17、图3.18）是供居住区内部和周边居民使用的，也可与住宅的底层裙房结合布置。独立设置时，屋顶平面形式较为多样，可参考商业建筑的做法。

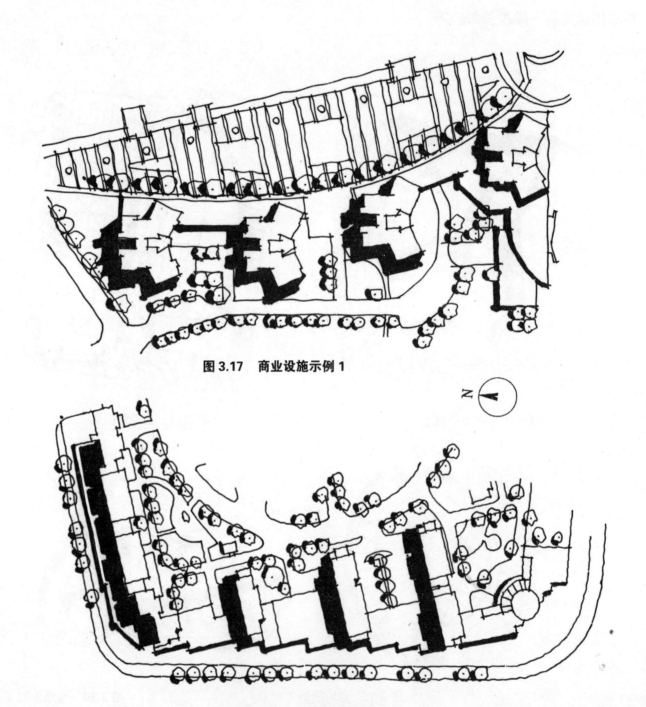

图 3.17　商业设施示例 1

图 3.18　商业设施示例 2

3.1.2 建筑空间组合

快题中几种常见的住宅建筑组合方式如下：

1）"排排坐"或行列式布局

建筑沿公共空间、道路或地形整齐排列，空间韵律感强。这种建筑组合形式经济性高，但要注意布局的灵活性，避免排列过于死板（图 3.19~ 图 3.24）。

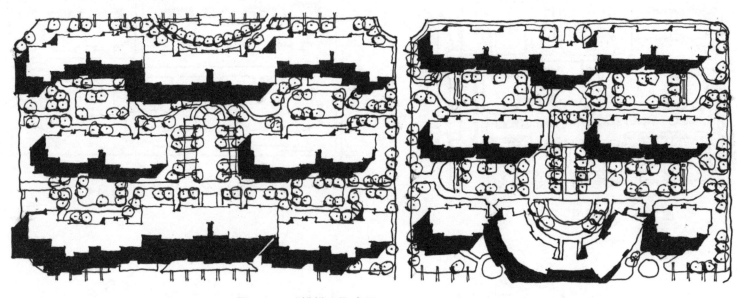

图 3.19 "排排坐"布局 1

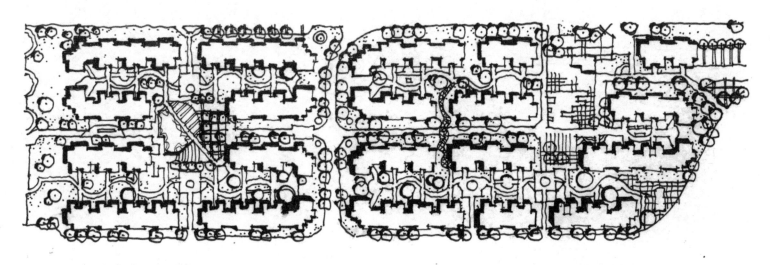

图 3.20 "排排坐"布局 2

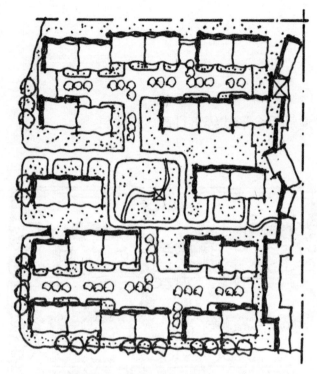

图 3.21 "排排坐"布局 3

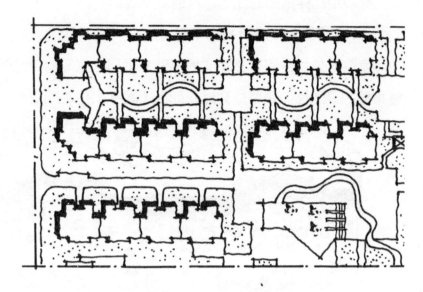

图 3.22 "排排坐"布局 4

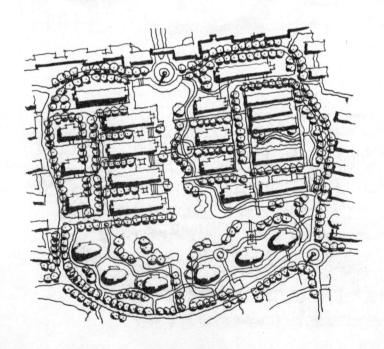

图 3.23 "排排坐"布局 5

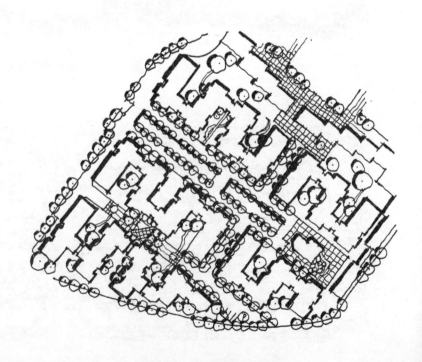

图 3.24 "排排坐"布局 6

2）半围合或 U 形布局

两、三栋建筑围合成 U 形，形成最小邻里组团，并为组团提供半开敞公共交往空间（图 3.25~
图 3.32）。

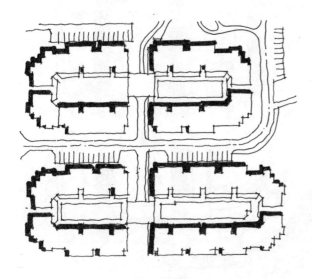

图 3.25 半围合布局 1

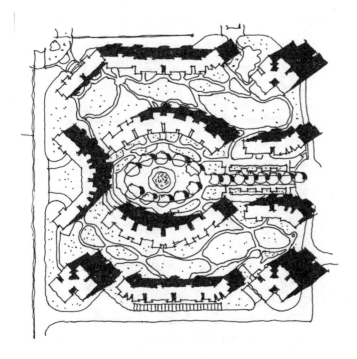

图 3.26 半围合布局 2

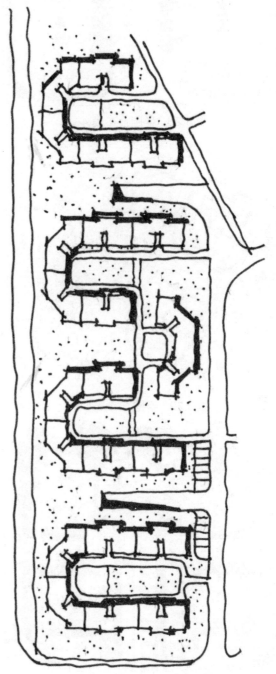

图 3.27 半围合布局 3

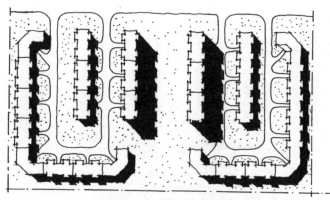

图 3.28　半围合布局 4

图 3.29　半围合布局 5

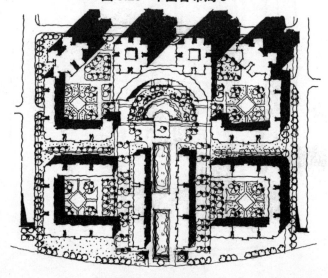

图 3.30　半围合布局 6

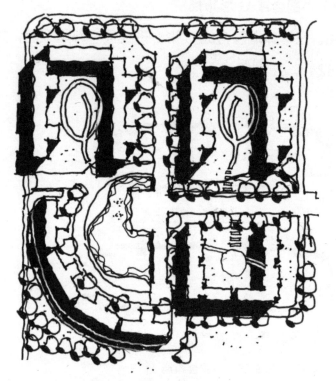

图 3.31　半围合布局 7

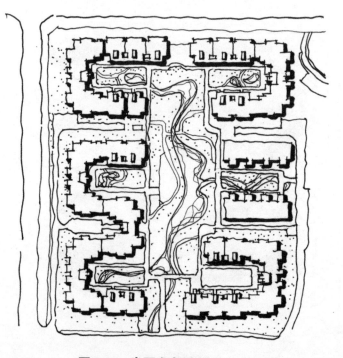

图 3.32　半围合布局 8

3）点式或沿路线性布局

顺应道路或地形特点，将点式高层或板式住宅、独栋及联排别墅沿线性空间摆放，形成统一的建筑景观界面，常见于小区沿街立面的设计中（图 3.33～ 图 3.37）。

图 3.33　沿路线性布局 1

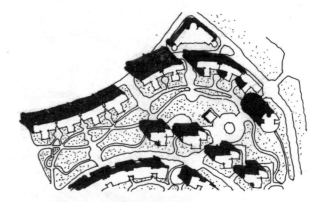

图 3.35　沿路线性布局 3

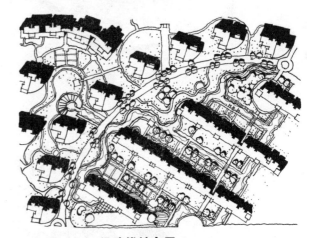

图 3.36　沿路线性布局 4

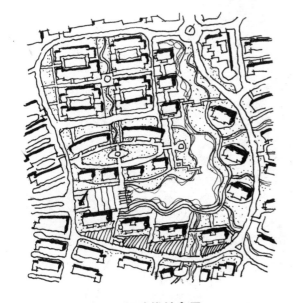

图 3.34　沿路线性布局 2

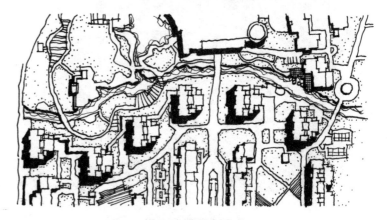

图 3.37　沿路线性布局 5

4）曲线式布局

建筑群体有规律也随着道路或水系等线性摆动，形成曲线韵律（图 3.38~ 图 3.41）。

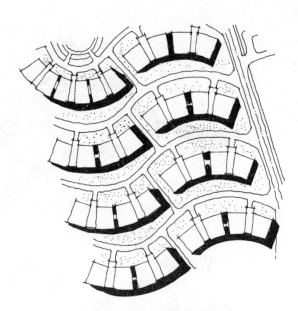

图 3.38　曲线式布局 1

图 3.40　曲线式布局 3

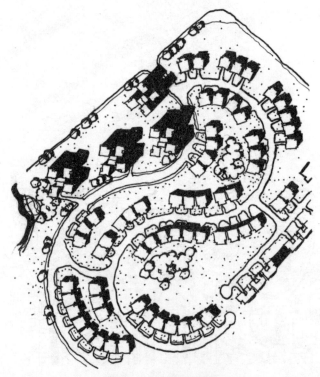

图 3.39　曲线式布局 2

图 3.41　曲线式布局 4

5）发散式布局

建筑一般以某个核心景观节点或公共空间为中心，呈放射分散状铺开（图 3.42、图 3.43）。

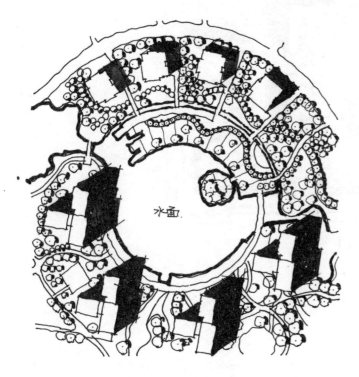

图 3.42　发散式布局 1

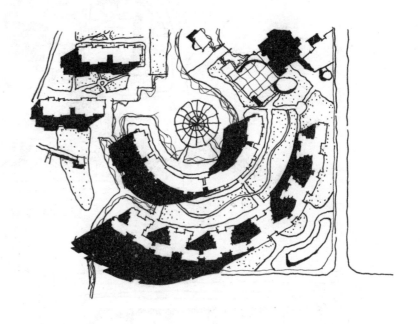

图 3.43　发散式布局 2

6）变异式布局

在基本的建筑组合布局形式上，灵活组合形成独特的围合空间（图 3.44~ 图 3.46）。

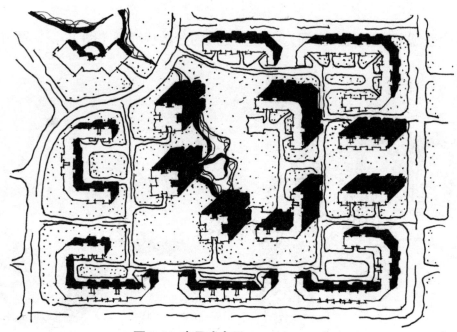

图 3.44 变异式布局 1

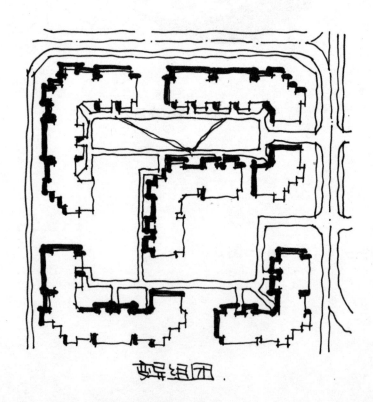

变异组团

图 3.45 变异式布局 2

图 3.46 变异式布局 3

3.1.3 居住区规划设计实例及快题展示

1）居住区规划设计实例 （图 3.47~ 图 3.49）

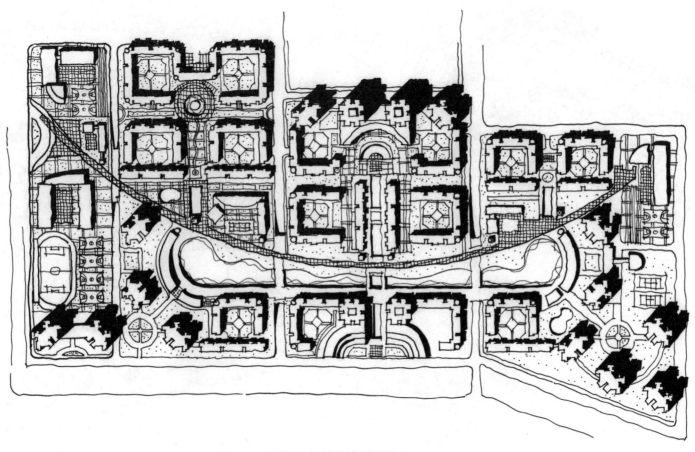

图 3.47　居住区规划设计平面图 1

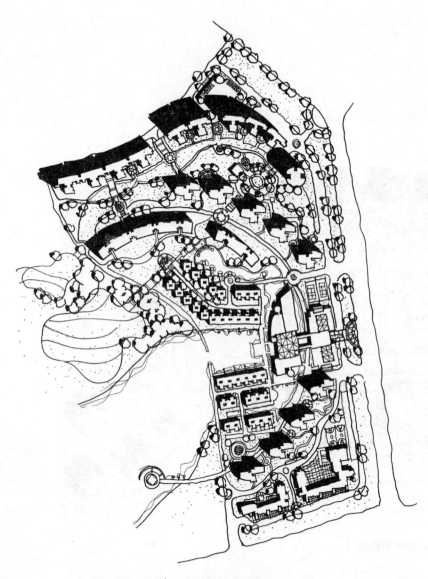

图 3.48　居住区规划设计平面图 2

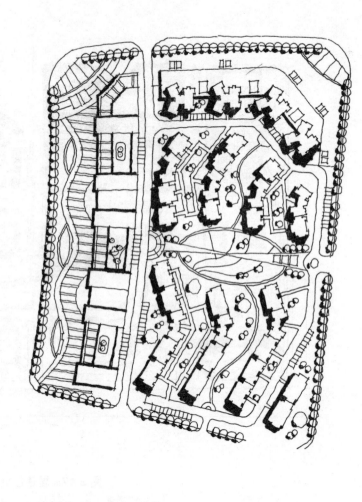

图 3.49　居住区规划设计平面图 3

2）居住区规划设计快题展示（图 3.50）

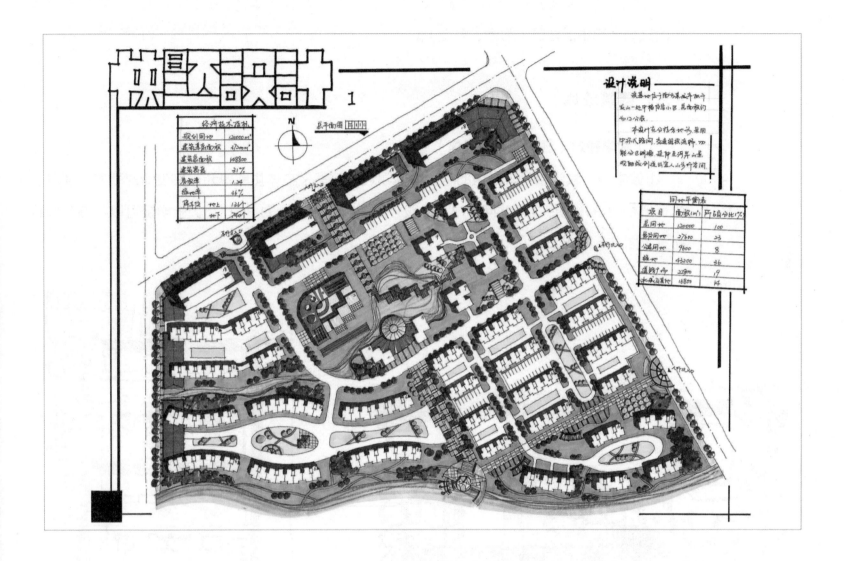

图 3.50　居住区规划设计快题示例

3.2 校园建筑

校园建筑主要有教学建筑（教学楼、图书馆）、办公建筑（行政楼、办公楼）、文体建筑（体育场馆、风雨操场）和生活建筑（宿舍、食堂）。

3.2.1 建筑单体

1）教学建筑（教学楼、图书馆）

①教学楼：教学楼是校园内的功能主体建筑，教室是主体功能单元，其设计对朝向、通风、采光有严格要求，需尽量南北向布局。一般外廊式教学楼进深为 9~11m。教学楼可以与办公楼结合布置（图3.51~图3.57）。

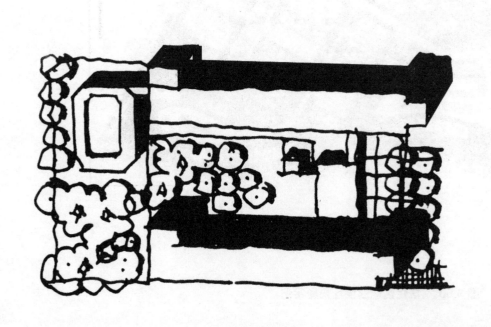

图 3.51　教学楼示例 1

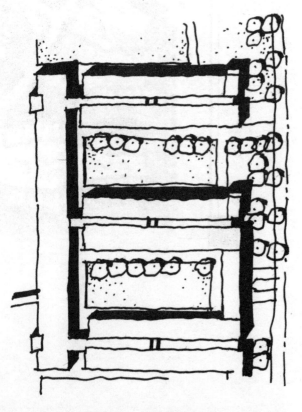

图 3.52　教学楼示例 2

图 3.53　教学楼示例 3

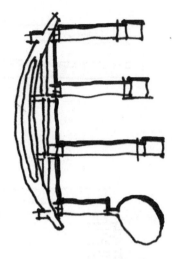

图 3.54　教学楼示例 4

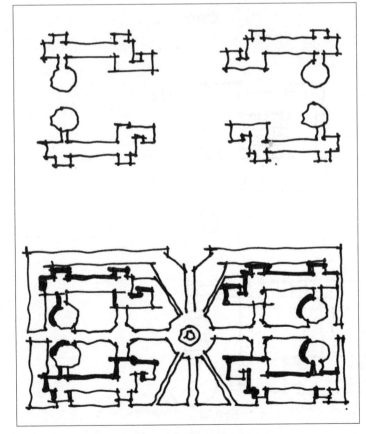

图 3.55　教学楼示例 5

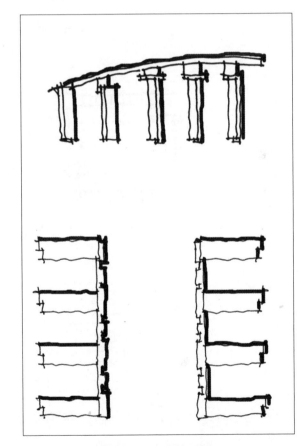

图 3.56　教学楼示例 6

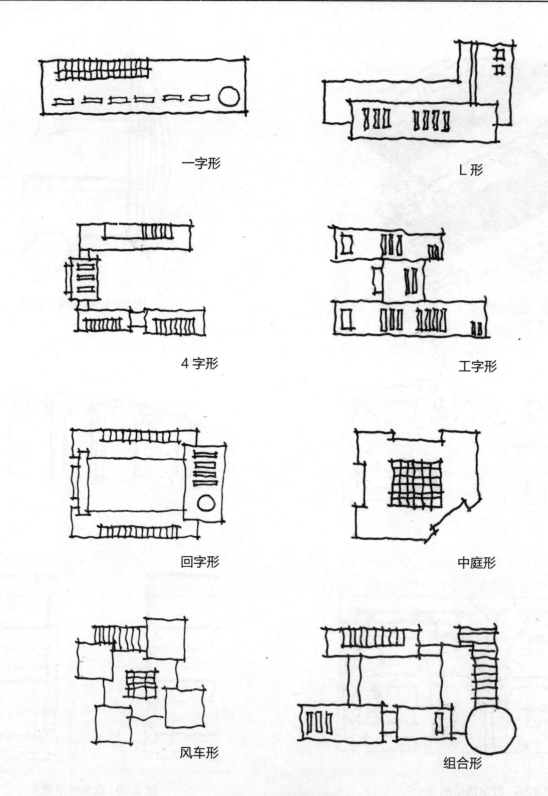

一字形

L 形

4 字形

工字形

回字形

中庭形

风车形

组合形

图 3.57 教学楼示例 7

②图书馆（艺术楼等）：图书馆是搜集、整理、收藏、借阅图书资料的场所，一般建筑体量较大，进深一般在 20m 以上，建筑屋顶形式较为多样。通常将图书馆置于轴线上或核心区域，作为标志性建筑，以彰显学校浓厚的文化氛围（图 3.58~图 3.65）。

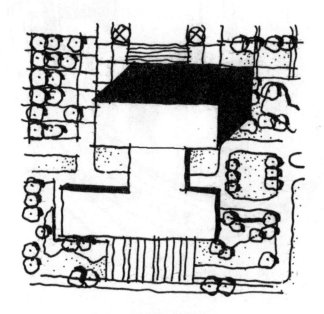

图 3.58　图书馆示例 1

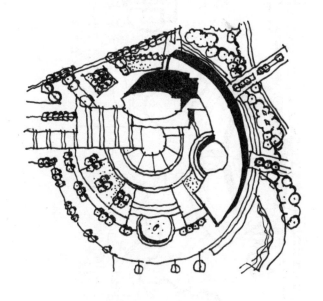

图 3.59　图书馆示例 2

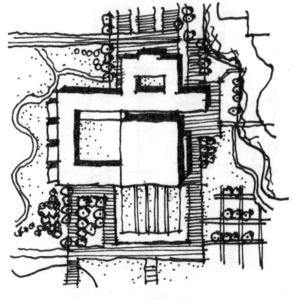

图 3.60　图书馆示例 3

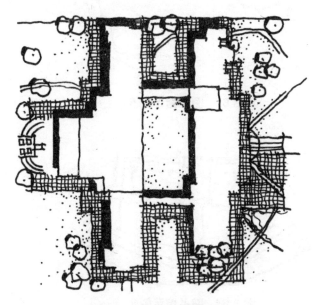

图 3.61　图书馆示例 4

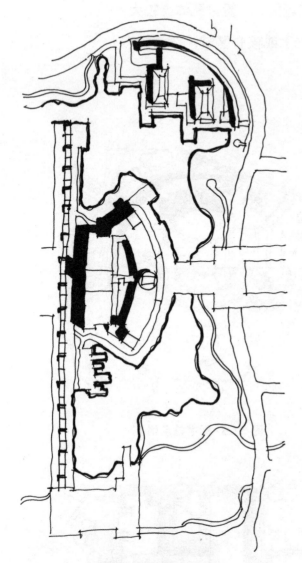

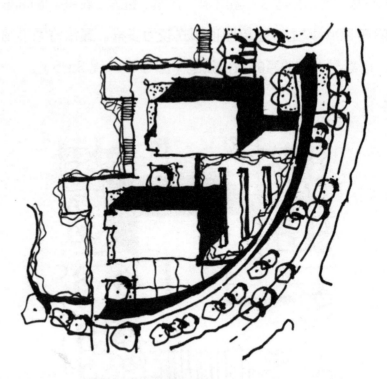

图 3.63　图书馆示例 6

图 3.62　图书馆示例 5

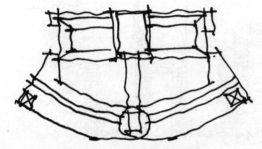

图 3.64　图书馆示例 7

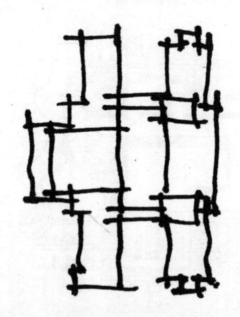

图 3.65　图书馆示例 8

2）办公建筑（行政楼、办公楼）

　　办公楼是以办公室为主要功能单元的建筑，它与重点地段的办公建筑城市规模有所不同，功能更为单一，但建筑屋顶形式基本相似，一般进深约 20m（具体可见重点地段的办公建筑的建筑屋顶形式）（图 3.66~图 3.68）。

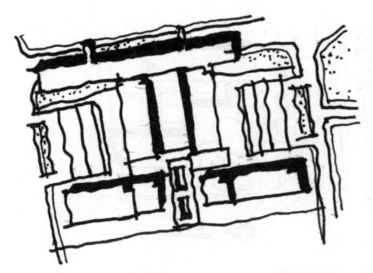

图 3.66　办公楼示例 1

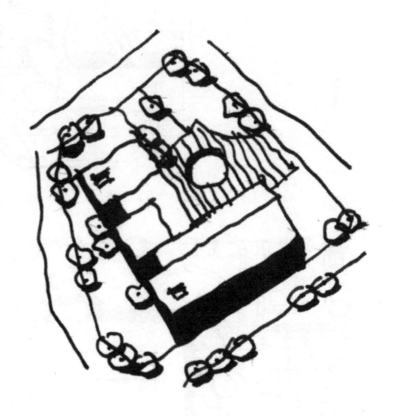

图 3.68　办公楼示例 3

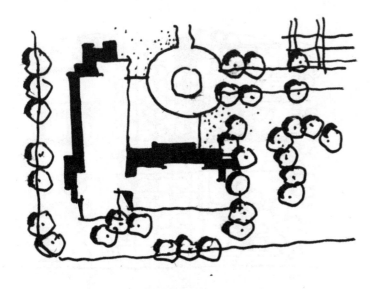

图 3.67　办公楼示例 2

校园行政楼是学校党政管理机构、行政管理机构、决策管理机构等组成的管理用房，一般布置于校园步行主入口处。由于行政楼是进入校园的第一门户和窗口，可以考虑从体量和高度上突破其他建筑，作为标志性建筑之一，但建筑风格宜简单大方，以对称式为主，体现教育事业的庄重典雅。

有时候也会将行政楼和办公楼一起结合布局为行政办公楼，以便于上传下达（图3.69~图3.71）。

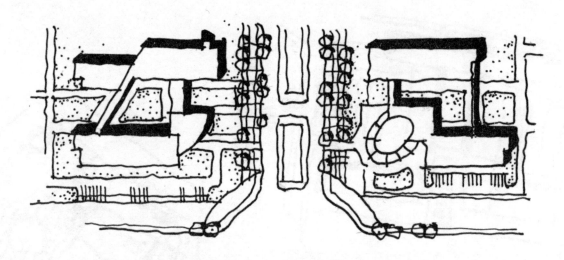

图 3.69　行政楼示例 1

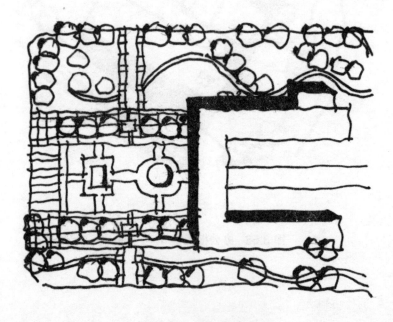

图 3.70　行政楼示例 2

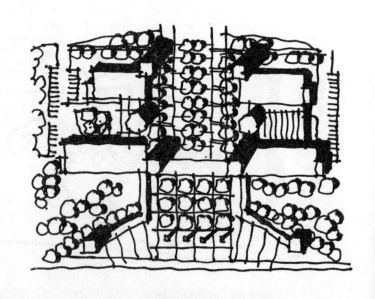

图 3.71　行政楼示例 3

3）生活建筑（宿舍、食堂）

①宿舍：学生宿舍楼造型相对简单，以长方形板式为主，建筑内部采用内廊式布局。学生宿舍应靠近生活区布置，方便学生日常使用。宿舍一般为内廊式，进深 16m 左右。

教师公寓设计类似于普通住宅小区，应区别于学生公寓独立设置（图 3.72~ 图 3.75）。

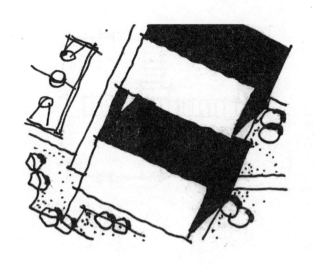

图 3.72 宿舍示例 1

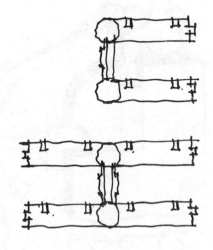

图 3.73 宿舍示例 2

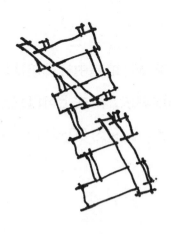

图 3.74 宿舍示例 3

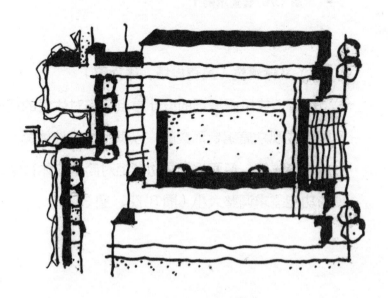

图 3.75 宿舍示例 4

②食堂：食堂需要包含集中式的大空间以容纳大量人群集中就餐，在建筑屋顶平面设计中应有所体现。食堂一般既要靠近生活区，又要接近教学楼，以方便师生进餐。进深约 40~60m（图 3.76、图 3.77）。

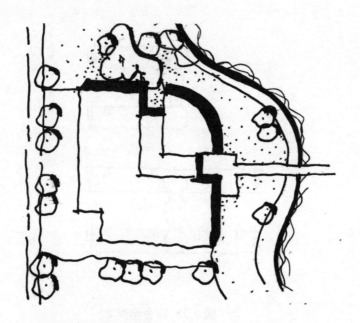

图 3.76 食堂示例 1

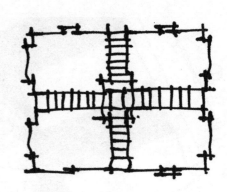

图 3.77 食堂示例 2

3）文体建筑（风雨操场、体育馆）

体育馆或风雨操场的设计重点在于对体量的把握。一般校园体育馆是由标准篮球场（基础）以及围合式观众席组合而成的，以满足一般性体育活动的运动场地需求，形式上可以采用活泼的椭圆形或方形建筑。风雨操场是功能相对简单的体育馆，一般无看台。进深约 60~80m，可根据学校规模与功能需求调整大小（图 3.78、图 3.79）。

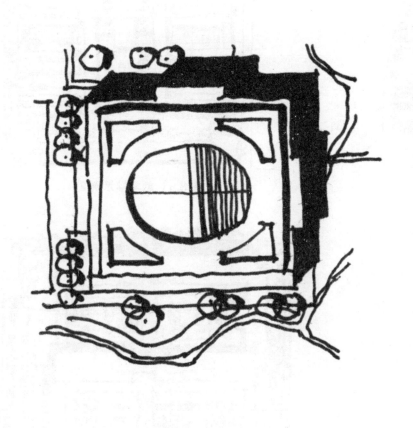

图 3.78 文体建筑示例 1

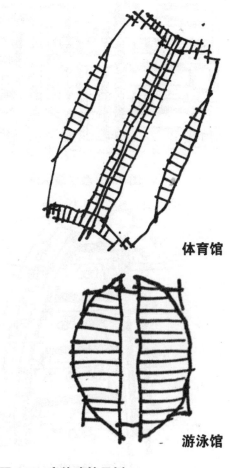

体育馆

游泳馆

图 3.79 文体建筑示例 2

3.2.2 建筑组合

1）教学楼

在建筑选型上，教学楼以组合建筑的形式居多，由多组形式类似的外廊、内廊或内天井式建筑通过行列式或围合式组合而成，通过连廊将独立的建筑单体联系起来，建筑组既显得协调统一，又为师生提供了多层次的交流空间（图 3.80~ 图 3.84）。

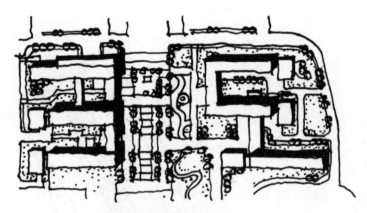

图 3.80 教学楼示例 1

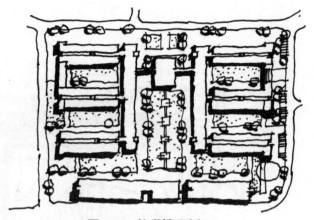

图 3.81 教学楼示例 2

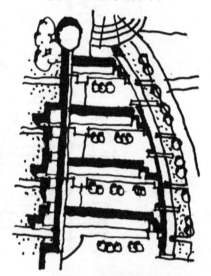

图 3.82 教学楼示例 3

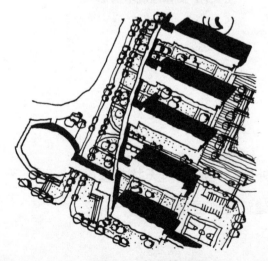

图 3.83 教学楼示例 4

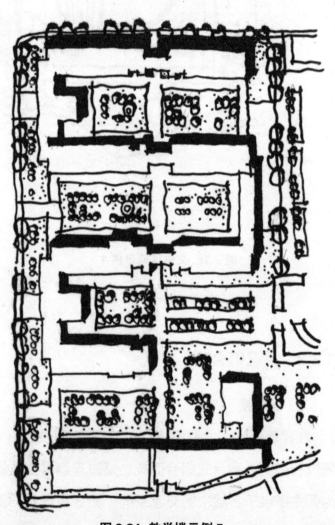

图 3.84 教学楼示例 5

2）宿舍楼

学生宿舍楼造型相对简单，应注意的是建筑群体的组合，应在建筑之间预留一定的广场、庭院等开敞空间，作为大量学生交流休息的场所（图 3.85～图 3.92）。

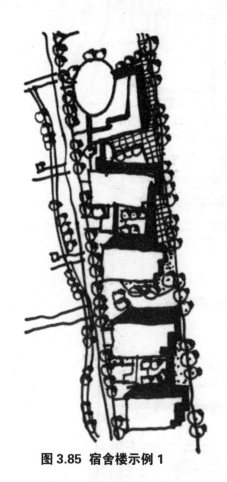

图 3.85　宿舍楼示例 1

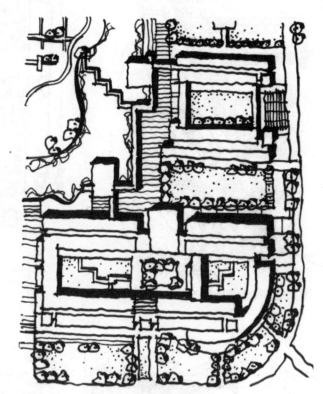

图 3.86　宿舍楼示例 2

图 3.87　宿舍楼示例 3

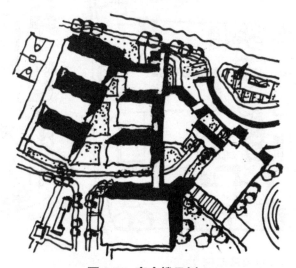

图 3.88　宿舍楼示例 4

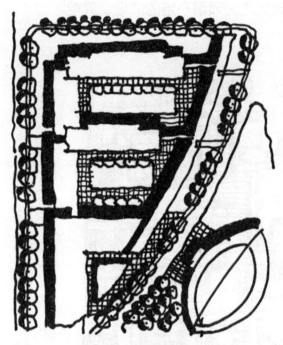

图 3.89 宿舍楼示例 5

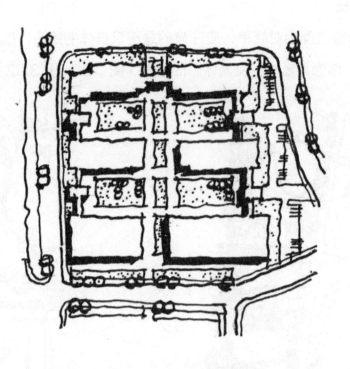

图 3.90 宿舍楼示例 6

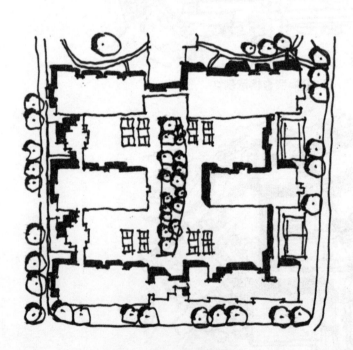

图 3.91 宿舍楼示例 7

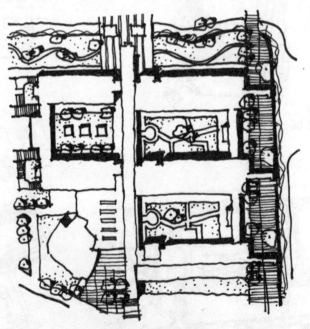

图 3.92 宿舍楼示例 8

3.2.3　校园规划设计实例及快题展示

1）校园规划设计实例（图 3.93、图 3.94）

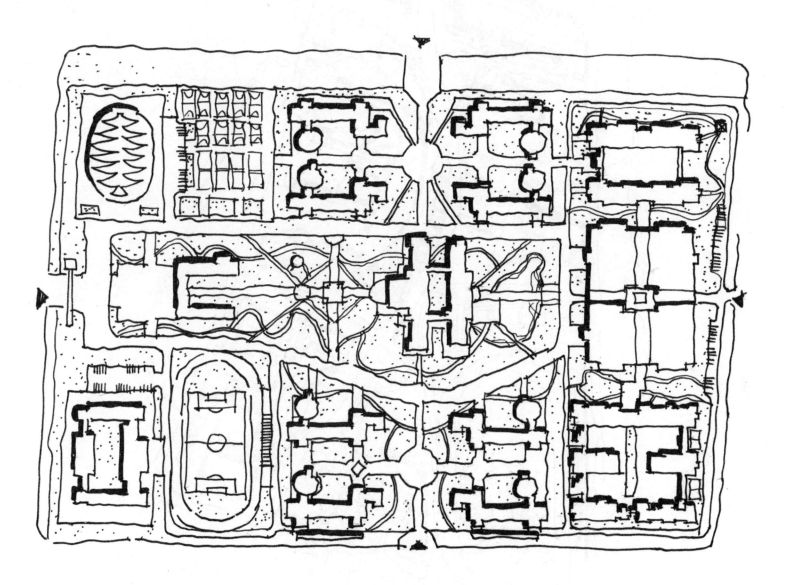

图 3.93　高中校园规划设计平面图

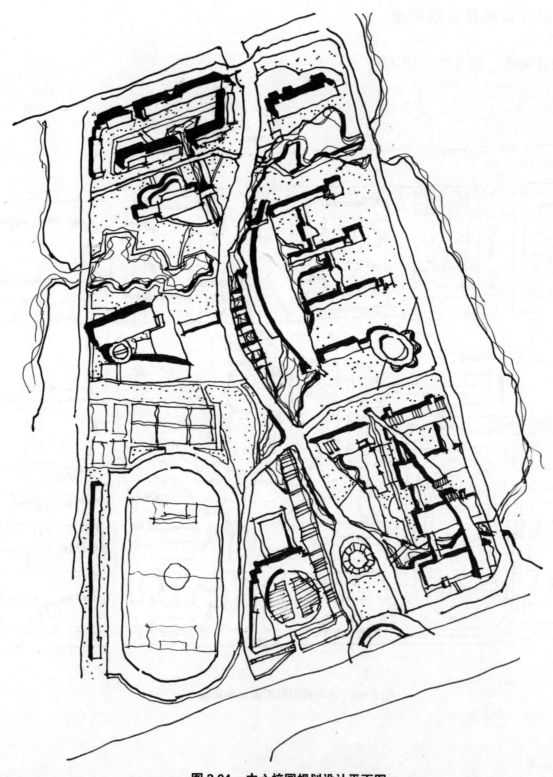

图 3.94　中心校园规划设计平面图

2）校园规划设计快题展示（图3.95）

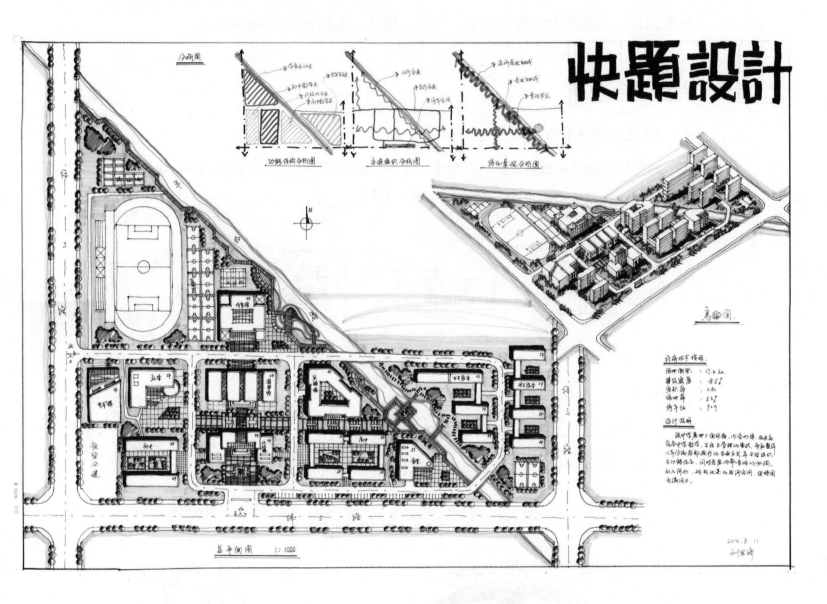

3.95　校园规划设计快题示例

3.3 商业建筑

　　商业建筑以购物、休闲、娱乐、住宿为主要功能。平面尺度大，形态变化丰富，布局与组织方式自由灵活，主要有大型购物中心、市场、酒店、商业步行街等建筑类型。

3.3.1 建筑单体

1）大型购物中心

　　综合性服务的商业集合体，以购物、休闲、娱乐等功能为主。建筑进深在 40~60m 比较合理。建筑体量大，平面组织灵活（图 3.96、图 3.97）。

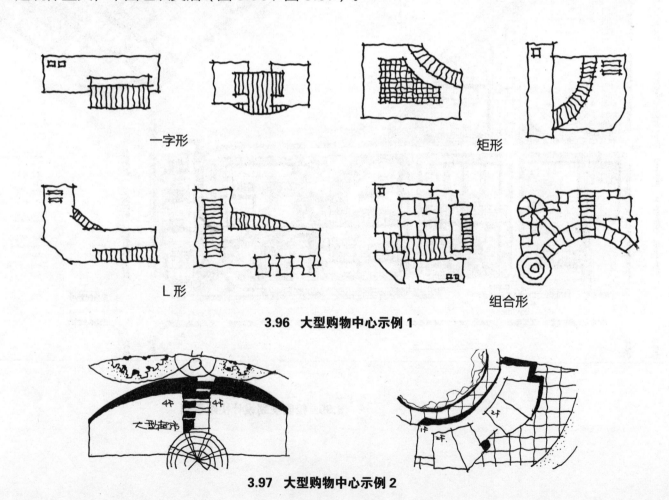

一字形　　　　　　　　　　　　　　　　　矩形

L 形　　　　　　　　　　　　　　　　　组合形

3.96　大型购物中心示例 1

3.97　大型购物中心示例 2

2）市场

汇集农副产品、小商品、农产品等批发的大型综合性市场，一般为单层大跨度建筑结构（图3.98）。

3）酒店（或旅馆）

主要供旅游者或者其他临时客人住宿的营业性建筑，一般有多层酒店和高层酒店。高层酒店一般是裙房加塔楼的建筑形式（图 3.99~图 3.102）。

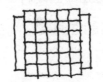

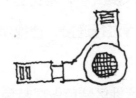

3.99 高层酒店平面示例

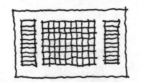

3.98 市场建筑结构示例

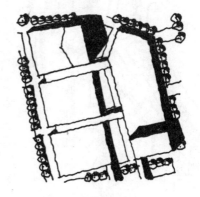

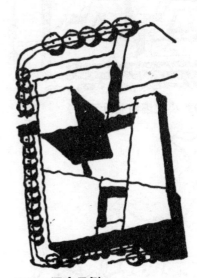

3.100 酒店示例 1

3.101 酒店示例 2

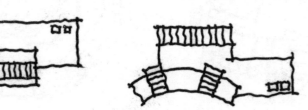

3.102 多层酒店平面示例

4）商业步行街

一般在城市中心区专门设置的步行区域，周边以商业建筑为主，常见的有小型商业休闲街和大尺度商业街区。

3.3.2 建筑组合

商业建筑群体按照建筑尺度大小，常见的有小型商业休闲街和大尺度商业街区两种。建筑之间大多会采用连廊、玻璃通道等进行连接，使得消费者能够方便快捷地到达目的性消费空间。

1）小尺度商业街

小尺度商业街一般会结合地区特色做成特色休闲商业街或滨水休闲商业街。进深在20m左右（图3.103~图3.109）。

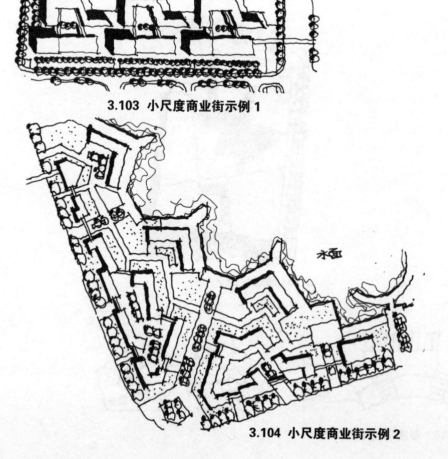

3.103 小尺度商业街示例 1

3.104 小尺度商业街示例 2

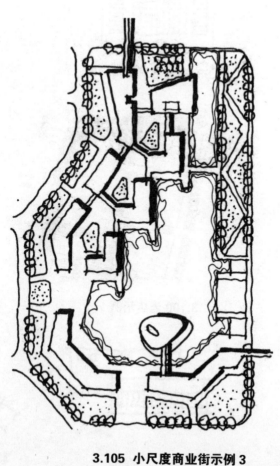

3.105 小尺度商业街示例 3

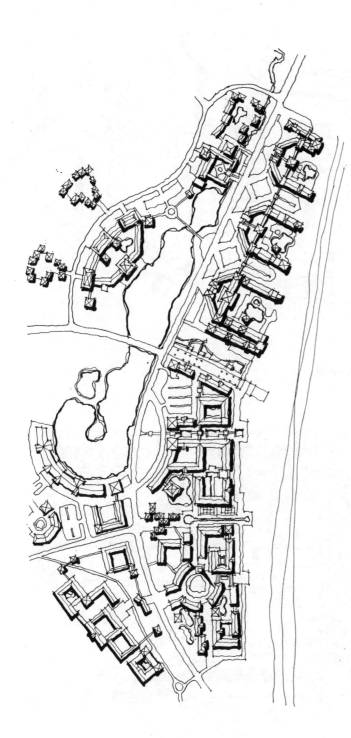

图 3.106　小尺度商业街示例 4

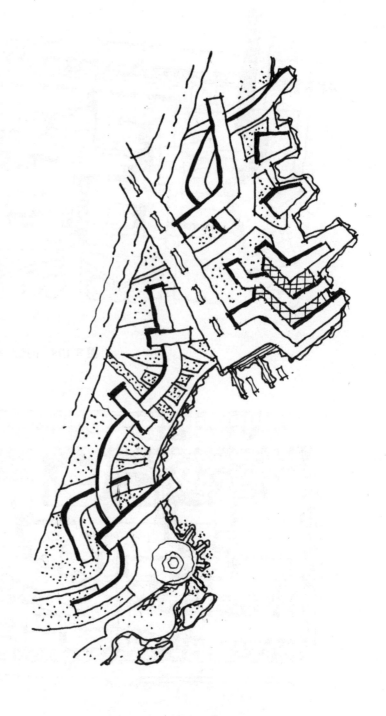

图 3.107　小尺度商业街示例 5

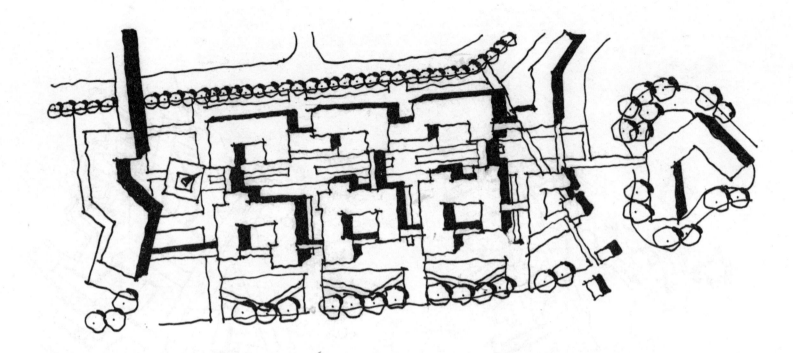

图 3.108 小尺度商业街示例 6

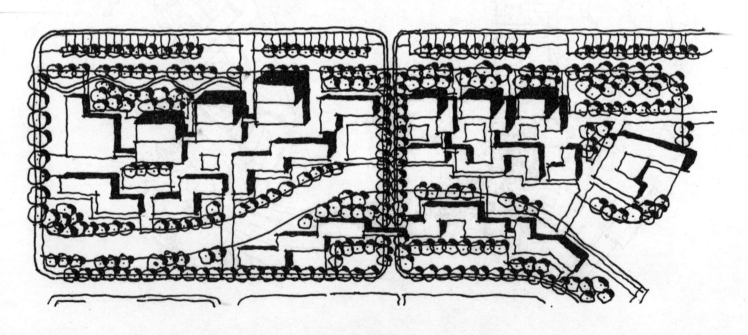

图 3.109 小尺度商业街示例 7

2）大尺度商业街

　　大尺度商业街一般通过大体量的建筑围合，形成一定的庭院空间和广场供人休憩。进深40~60m 左右（图 3.110~ 图 3.114）。

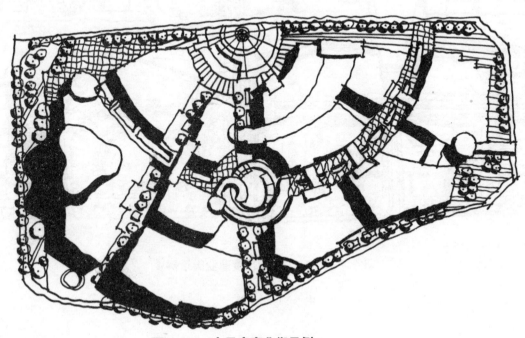

图 3.110　大尺度商业街示例 1

图 3.111　大尺度商业街示例 2

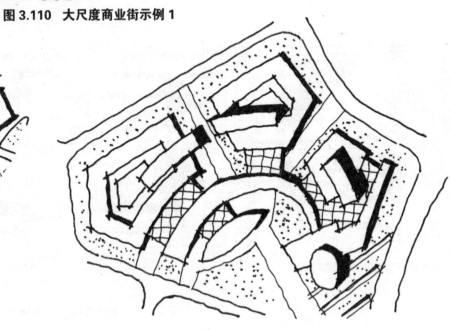

图 3.112　大尺度商业街示例 3

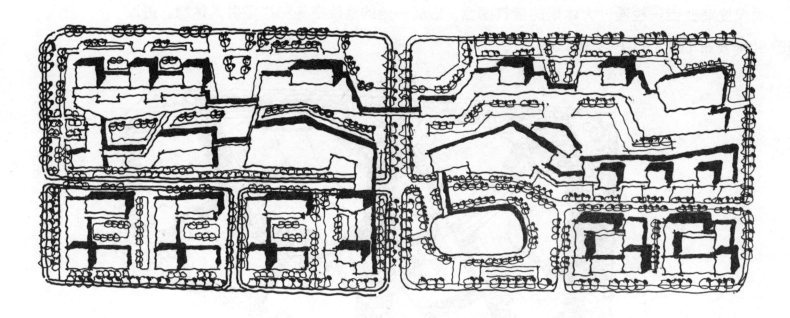

图 3.113　大尺度商业街示例 4

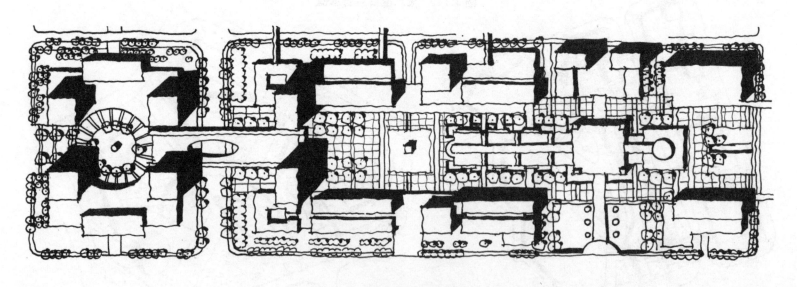

图 3.114　大尺度商业街示例 5

3.3.3　商业街区规划设计实例及快题展示

1）商业街区规划设计实例（图 3.115、图 3.116）

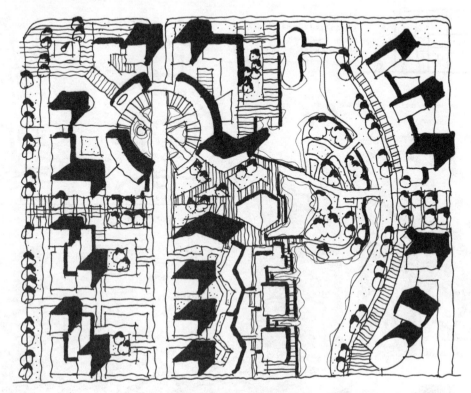

图 3.115　商业街区规划设计平面图 1

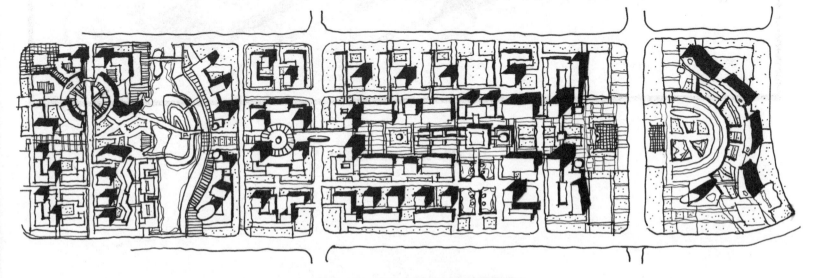

图 3.116　商业街区规划设计平面图 2

2）商业街区规划设计快题展示 （图3.117）

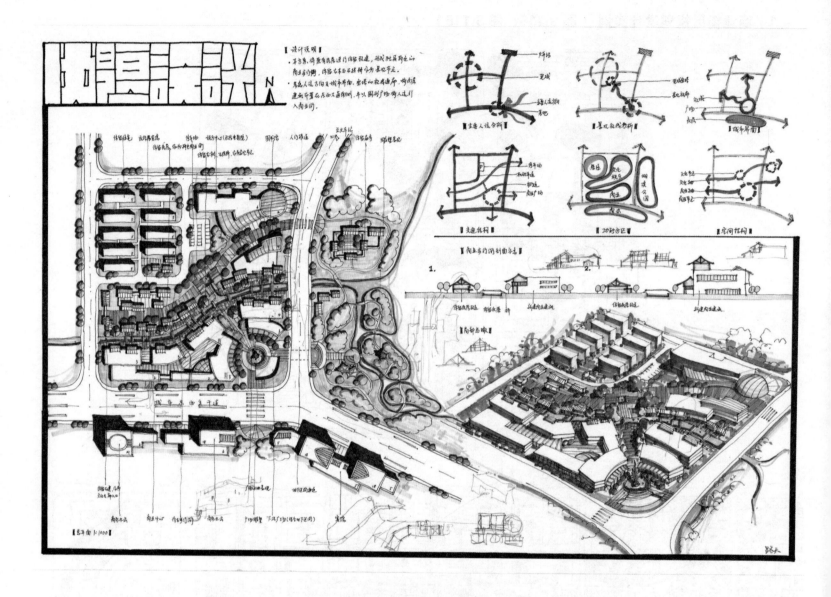

图3.117 商业街区快题示例

3.4　办公建筑

3.4.1　建筑单体

办公建筑分多层和高层两种。多层以板式较多，高层一般是裙房加塔楼的形式，也有板式的办公建筑。一般板式进深约 20m；裙房的塔楼至少是 20m×20m 的体块，一般为 25m×25m 的体块，甚至更大。

1）多层办公建筑　（图 3.118）

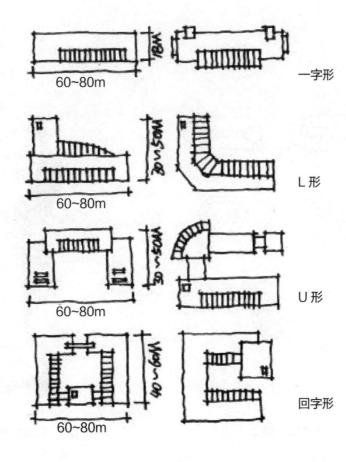

一字形

L 形

U 形

回字形

3.118　多层办公建筑示例

2）高层办公建筑 （图3.119~ 图3.121）

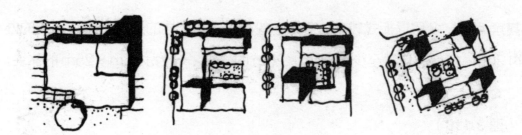

3.119　高层办公建筑示例 1

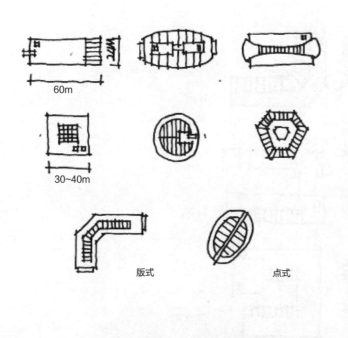

60m

30~40m

版式　　　　　点式

3.120　高层办公建筑示例 2

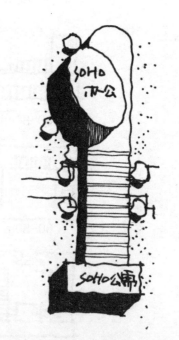

3.121　高层办公建筑示例 3

3.4.2　办公建筑组合

办公建筑为了各部门之间的协调方便，常常通过连廊进行连接，形成办公楼群。建筑高度层次错落，体量大小对比，但是会遵循一个基本的排布韵律（图 3.122~ 图 3.129）。

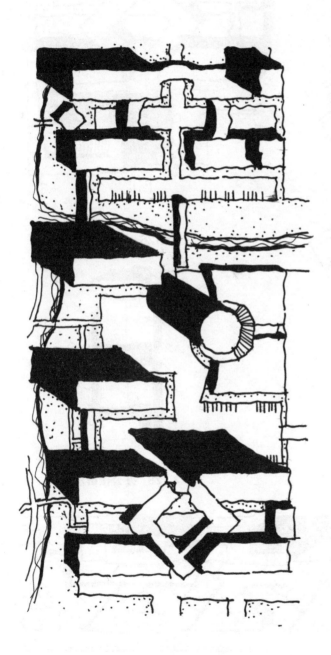

图 3.122　办公楼群示例 1

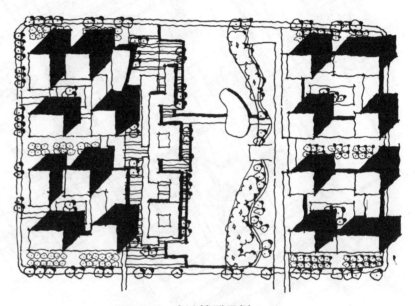

图 3.123　办公楼群示例 2

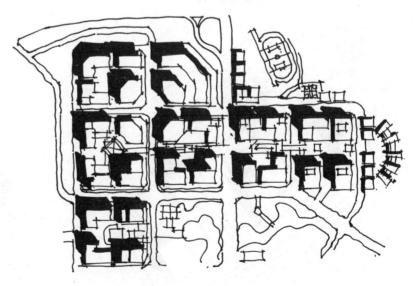

图 3.124　办公楼群示例 3

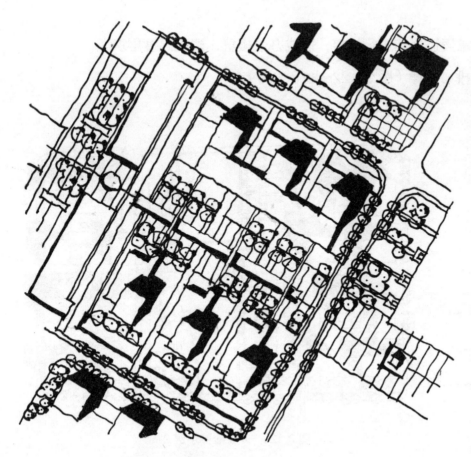

3.125 办公楼群示例 4

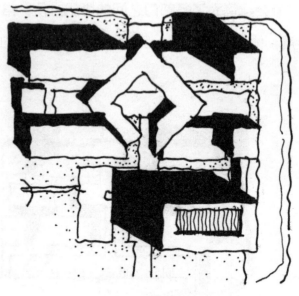

3.126 办公楼群示例 5

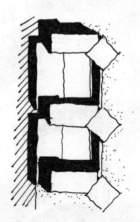

3.128 办公楼群示例 7

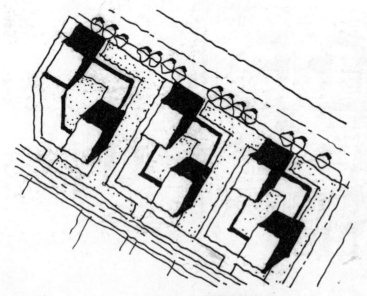

3.127 办公楼群示例 6

3.129 办公楼群示例 8

3.4.3　办公区规划设计实例及快题展示

1）办公区规划设计实例　（图 3.130~ 图 3.133）

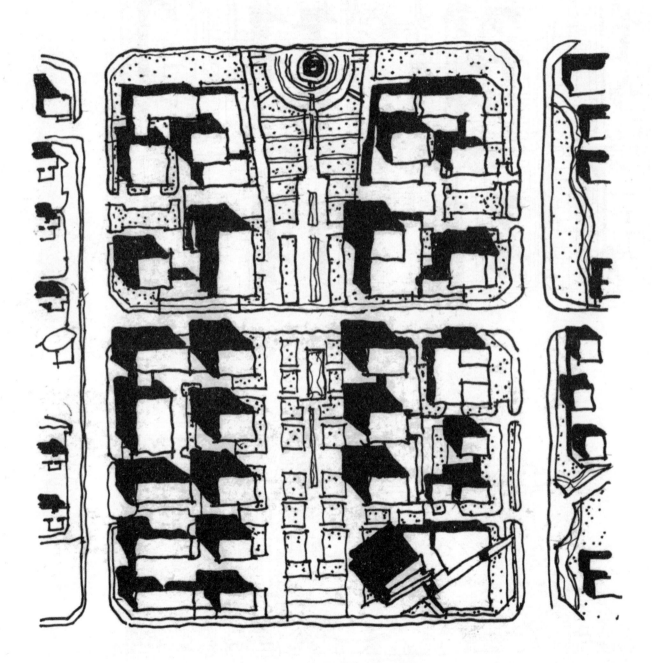

图 3.130　办公区规划设计平面图 1

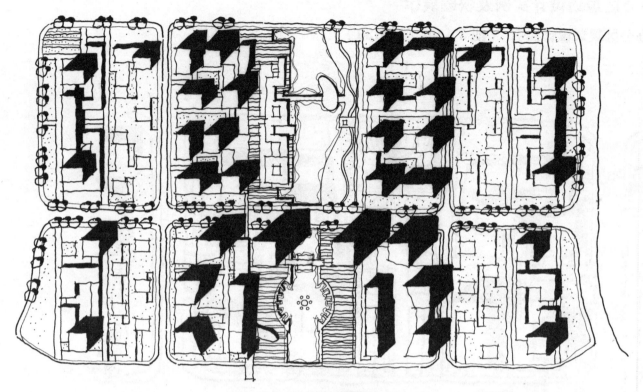

图 3.131　办公区规划设计平面图 2

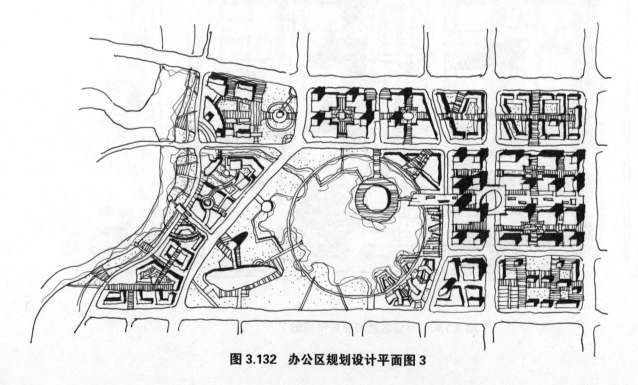

图 3.132　办公区规划设计平面图 3

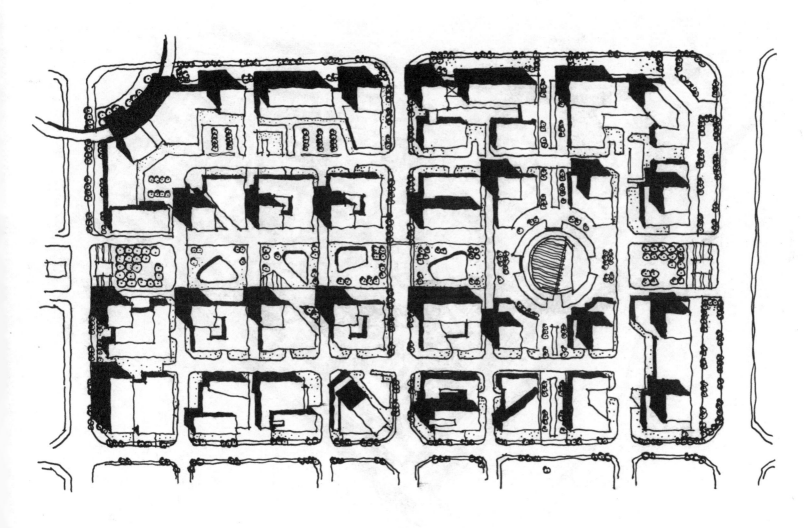

图 3.133　办公区规划设计平面图 4

2）办公区规划设计快题展示（图3.134）

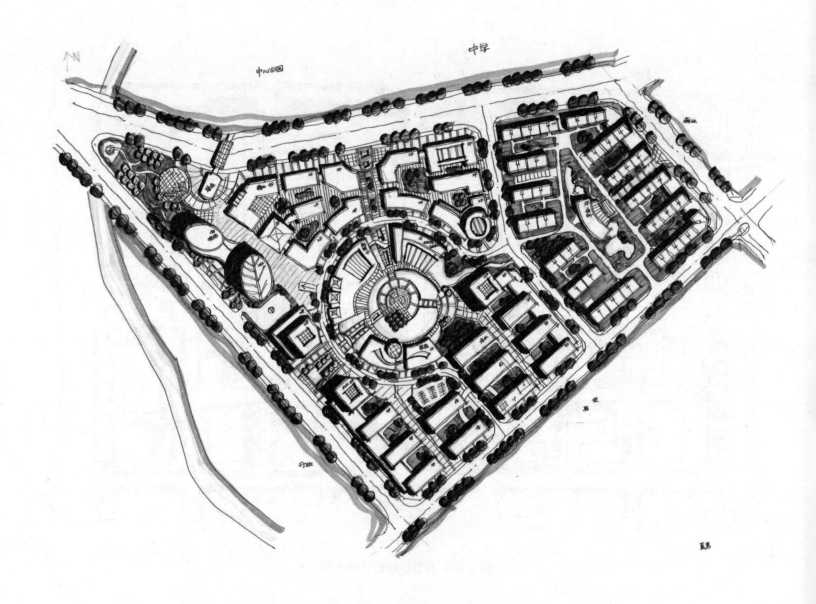

图3.134 办公区设计快题示例

3.5 文化建筑

3.5.1 建筑单体

文化建筑主要满足城市居民的文化消费需求，一般形态完整，造型独特，位置突出。

文化建筑一般体量较大，建筑基底占地面积一般在 2000m^2，形式新颖独特，个性鲜明。常见的文化建筑有影剧院、博物馆、展览馆、少年宫、会展中心、艺术馆、青少年活动中心等（表 3.1）。

表 3.1 常见的文化建筑

影剧院	文化馆	博物馆	会展中心
是专门用来表演喜剧、歌舞、曲艺、音乐等的文化娱乐场所。独立设置时体型较大；多厅影院一般设置于购物中心内部	是开展社会文化宣传教育、普及科学文化知识、组织辅导群众的综合性文化事业机构和场所，形态变化丰富	是供搜索、保管、研究和陈列、展览有关自然、历史、文化、艺术、科学等方面的实物和标本之用的公共建筑	是用于传递和交流信息的会以、展览、大型活动等集体性活动的建筑。一般为大跨度结构，造型简单而大气

1）影剧院（图 3.135）

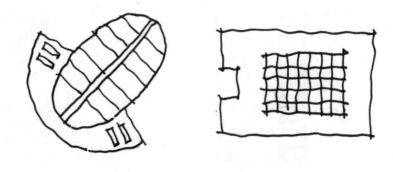

图 3.135 影剧院示例

2）博物馆（图 3.136~ 图 3.138）

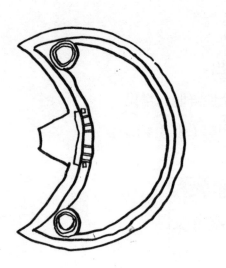

图 3.136 博物馆示例 1

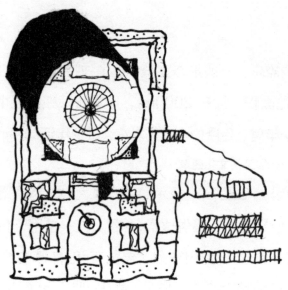

图 3.137 博物馆示例 2

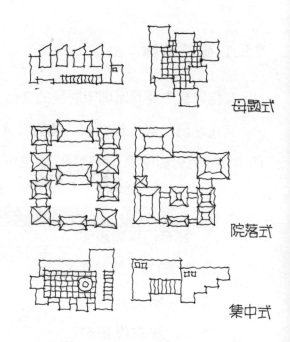

母题式

院落式

集中式

图 3.138 博物馆示例 3

3）文化馆（图 3.139、图 3.140）

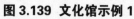

图 3.139 文化馆示例 1

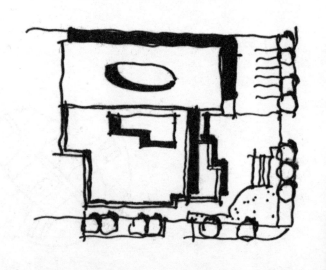

图 3.140 文化馆示例 2

4）会展中心（图 3.141、图 3.142）

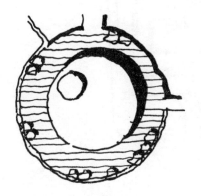

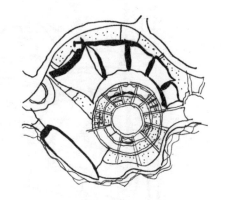

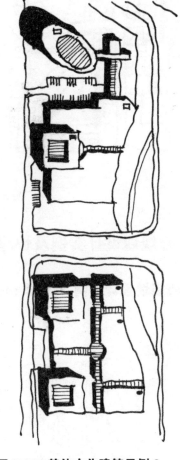

图 3.141 会展中心示例 1　　　　图 3.142 会展中心示例 2

5）其他文化建筑（图 3.143、图 3.144）

图 3.143 其他文化建筑示例 1　　　　图 3.144 其他文化建筑示例 2

3.5.2　文化建筑群体组合

　　文化建筑一般是单独存在的，简单而言，就是一栋文化建筑独立占地，有自己的门户空间和庭院空间。但是也会出现许多文化建筑围合公共空间的情况（图 3.145）。

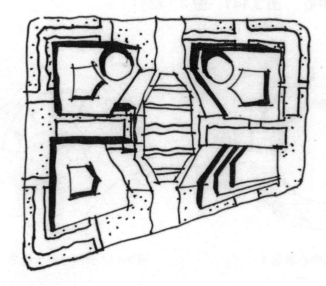

图 3.145　文化建筑群体组合示例

3.5.3 文化中心规划设计实例及快题展示

1）文化中心规划设计实例（图 3.146、图 3.147）

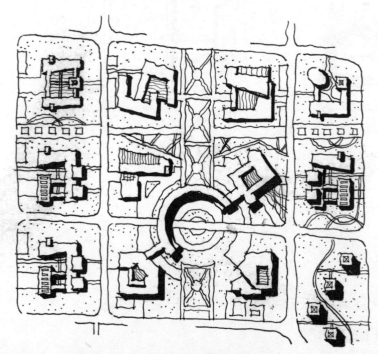

图 3.146 文化中心设计平面示例 1

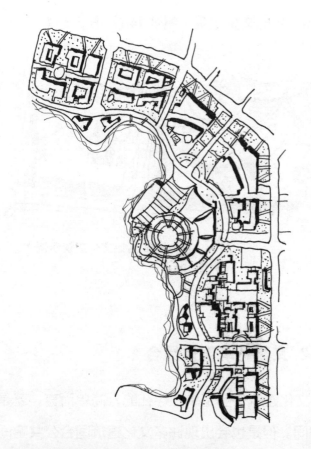

图 3.147 文化中心设计平面示例 2

2）文化中心规划设计快题展示（图 3.148）

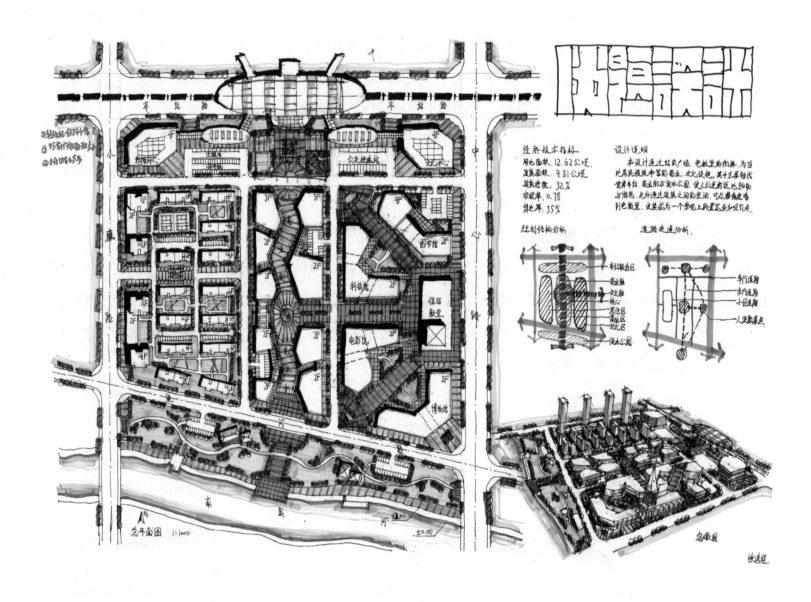

图 3.148　文化中心规划设计快题示例

3.6 工业园区建筑

工业园区的设计不仅仅在于合理地规划各类工业的生产布局，从规划、景观到建筑设计都体现生态、科技和文化的内涵，更重要的是，为业主提供集生产、研发、物流、展示及融资等内容于一体化的综合解决方案，为企业构建一个多元化的发展平台。从策划到规划，从设计到宣传，在每一个环节都体贴地为业主着想，为其创造客户价值的最大化。

工业园区位置选择：一般工业园区都会产生水、气、固体废弃物等污染，因此，工业园区应该布置于城市主河流的下游、盛行风的下方。从环境、经济两方面来说，工业园区应选择郊区、城市边缘、房价低、对城市污染小的区域。

工业园区一般功能分区明确，分为办公研发区、生活协调区、生产区、物流区、产业配套区、生态防护区等几个分区；办公研发区一般有办公楼、接待中心、展销中心、研发中心，一般把展销中心或研发中心布局在显著位置，作为标志性建筑；生产区主要是生产厂房；物流区主要有仓库、露天堆场和室内仓库；生活建筑有员工宿舍（按居住区布置）、食堂、活动场所配套公建等；产业配套区与污水处理站、动力站等。

3.6.1 建筑单体

1）办公研发楼

办公研发楼的平面类似办公建筑，详见"3.4 办公建筑"章节（图3.149~图3.152）。

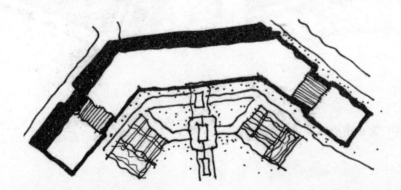

图 3.149 办公研发楼建筑单体示例1　　　　　　　图 3.150 办公研发楼建筑单体示例2

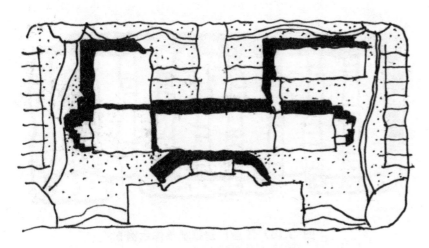

图 3.151 办公研发楼建筑单体示例 3

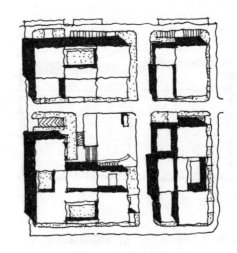

图 3.152 办公研发楼建筑单体示例 4

2）工业厂房

标准厂房宜为 30m×60m 或 30m×90m 的平面，一般不超过 4 层（图 3.153~ 图 3.157）。

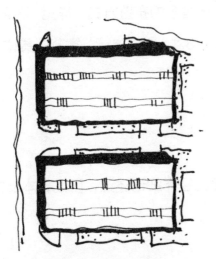

图 3.153 工业厂房建筑单体示例 1

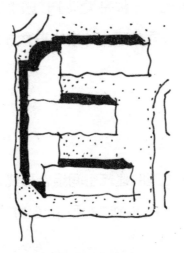

图 3.154 工业厂房建筑单体示例 2

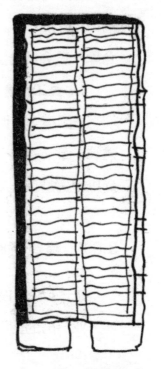

图 3.155 工业厂房建筑单体示例 3

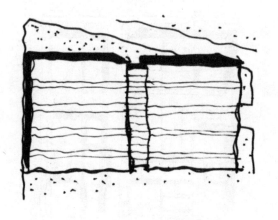

图 3.156 工业厂房建筑单体示例 4

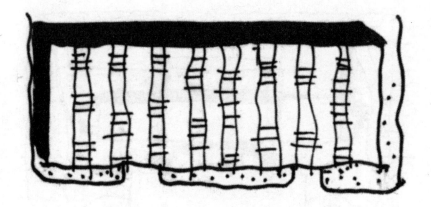

图 3.157 工业厂房建筑单体示例 5

3）仓库

仓库可分为露天堆场和室内仓库。室内仓库一般是大跨度结构，尺度体量很大，建筑结构划分简单，多为一层。露天堆场就是宽阔的用于停放、转运物资的地方，一般没有建筑物，布置更为灵活。仓库一般会结合工业厂房布局。

4）员工宿舍

员工宿舍有两种布局形式：一种是类似于校园中的学生集体宿舍的布置方式，详见"3.2 校园建筑"章节；另一种是类似于居住区中住宅的布置方式，详见"3.1 居住建筑"章节。具体平面选择应根据题目要求而定。

3.6.2 建筑空间组合

由于工业园设计的许多类型的建筑空间组合形式在前面都已经详细论述过，因此，本节主要讲述工业厂房的空间组合形式（图 3.158~ 图 3.160）。

图 3.158　工业厂房建筑空间组合示例 1

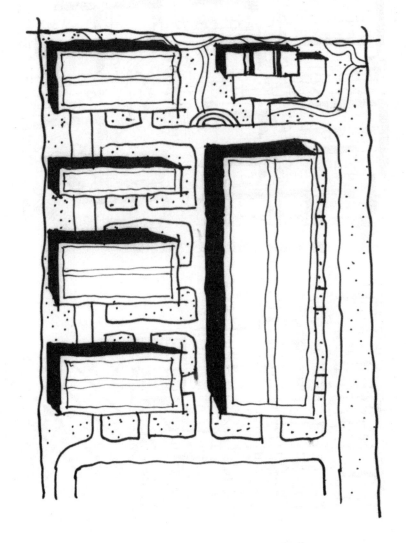

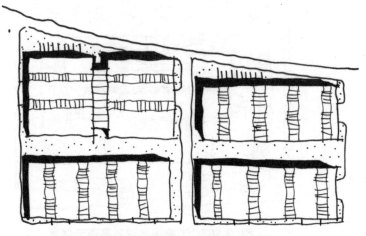

图 3.159　工业厂房建筑空间组合示例 2

图 3.160　工业厂房建筑空间组合示例 3

3.6.3 工业园区规划设计实例及快题展示

1）工业园区规划设计实例 （图 3.161～ 图 3.165）

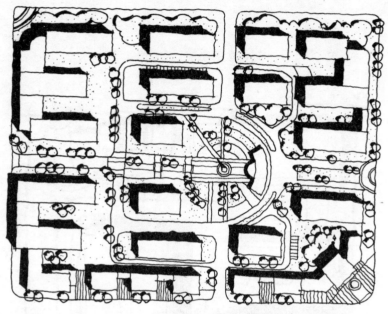

图 3.161 工业园区设计平面示例 1

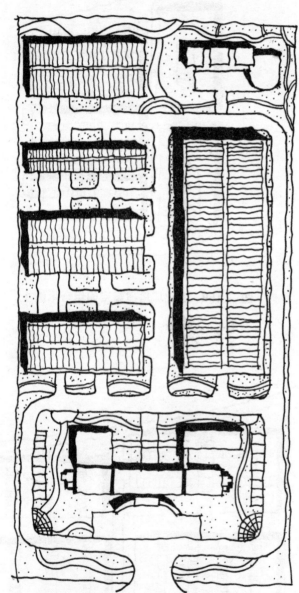

图 3.163 工业园区设计平面示例 3

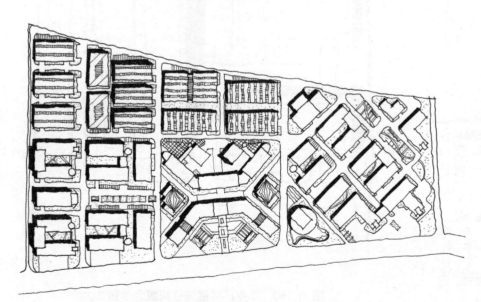

图 3.162 工业园区设计平面示例 2

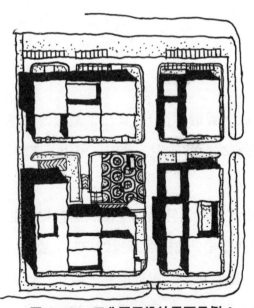

图 3.164　工业园区设计平面示例 4

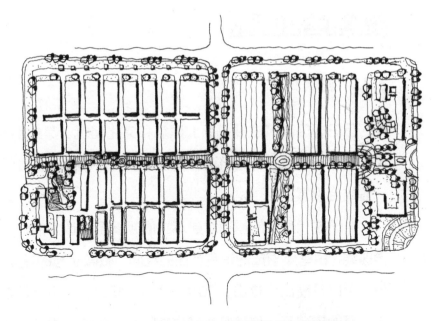

图 3.165　工业园区设计平面示例 5

2）工业园区规划设计快题展示　（图 3.166）

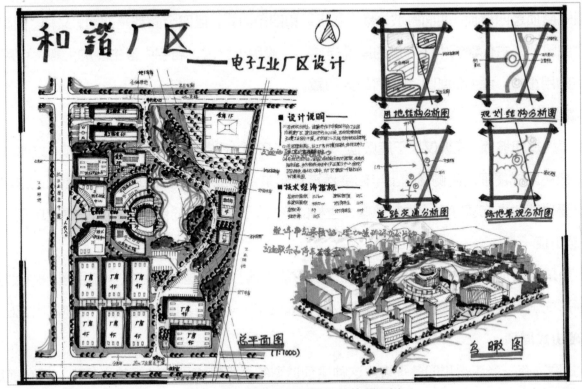

图 3.166　工业园区规划设计快题示例

3.7 历史街区建筑

3.7.1 建筑单体

历史街区建筑主要是商业建筑和文化建筑。其中商业建筑一般进深在 6~10m，类似博物馆、大佛殿等体量较大的建筑进深会相应加大些。各种坡屋顶的形制组合有攒尖、硬山、悬山、庑殿等，一般结合设置。

中国古代建筑的屋顶对建筑立面起着至关重要的作用。古建筑远远伸出的屋檐、富有弹性的屋檐曲线、由举架形成的稍有反曲的屋面、微微起翘的屋角（仰视屋角，角椽展开犹如鸟翅，故称"翼角"）以及硬山、悬山、歇山、庑殿、攒尖、十字脊、盝顶、重檐等多种屋顶形式的变化，加上灿烂夺目的琉璃瓦，使建筑物产生独特而强烈的视觉效果和艺术感染力。中国古代建筑的屋顶形式具体分析如下：

1）庑殿式屋顶

庑殿式屋顶是四坡顶，四面斜坡，有一条正脊和四条斜脊，且四个面都是曲面，又称"四阿顶"。

重檐庑殿顶是古代建筑中最高级的屋顶样式，一般用于皇宫、庙宇中最主要的大殿，可用单檐，特别隆重的用重檐，著名的如北京故宫的太和殿。

2）歇山顶

歇山顶是是四坡顶，等级仅次于庑殿顶。它由一条正脊、四条垂脊和四条戗脊组成，故称九脊殿。其特点是把庑殿式屋顶两侧侧面的上半部突然直立起来，形成一个悬山式的墙面。歇山顶常用于宫殿中的次要建筑和住宅园林中，也有单檐、重檐的形式。北京故宫的保和殿就是重檐歇山顶。

3）悬山顶

悬山顶是两坡顶的一种，等级仅次于庑殿顶和歇山顶，是我国一般建筑（如民居）中最常用的一种屋顶形式。其特点是屋檐悬伸在山墙以外，屋面上有一条正脊和四条斜脊，又称挑山或出山。

4）硬山式屋顶

硬山式屋顶有一条正脊和四条垂脊。这种屋顶造型的最大特点是比较简单、朴素，只有前后两面坡，而且屋顶在山墙墙头处与山墙齐平，没有伸出部分，山面裸露没有变化。

硬山式屋顶是一种等级比较低的屋顶形式，皇家建筑和一些大型的寺庙建筑中几乎没有硬山式屋顶；也因为它等级比较低，所以屋面都是使用青瓦，并且是板瓦，不能使用瓦筒，更不能使用琉璃瓦。

5）攒尖顶

攒尖顶无正脊，只有垂脊，只应用于面积不大的楼、阁、亭、塔等，平面多为正多边形及圆形，顶部有宝顶。根据脊数多少，分三角攒尖顶、四角攒尖顶、六角攒尖顶、八角攒尖顶。此外，还有圆攒尖顶，也就是无垂脊。攒尖顶多用于景点或景观建筑，如北京颐和园的郭如亭、丽江黑龙潭公园等。在殿堂等较重要的建筑或等级较高的建筑中，极少使用攒尖顶，而北京故宫的中和殿、交泰殿和天坛内的祈年殿等使用的却是攒尖顶。攒尖顶有单檐、重檐之分。

6）盝顶

盝顶是一种较特别的屋顶，屋顶上部为平顶，下部为四面坡或多面坡，垂脊上端为横坡，横脊数目与坡数相同，横脊首尾相连，又称圈脊。盝顶在古代大型宫殿建筑中极为少见。

7）卷棚顶

卷棚顶又称元宝脊，屋面双坡相交处无明显正脊，而是做成弧形曲面。多用于园林建筑中，如北京颐和园中的谐趣园，屋顶的形式全部为卷棚顶。

中国古建筑屋顶可根据建筑等级要求分别选用。古建筑屋顶除功能性外，还是等级的象征，古建筑屋顶形式等级由高到低分别是：重檐庑殿顶＞重檐歇山顶＞重檐攒尖顶＞单檐庑殿顶＞单檐歇山顶＞单檐攒尖顶＞悬山顶＞硬山顶＞盝顶。

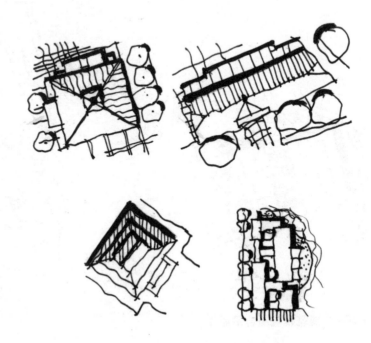

图 3.167　古建筑屋顶简化平面图

除上述几种屋顶外，还有扇面顶、万字顶、盝顶、勾连搭顶、十字顶、穹窿顶、圆券顶、平顶、单坡顶、灰背顶等特殊的形式。

只有庑殿顶和歇山顶可以做重檐屋顶，且为四坡顶。悬山、硬山为两坡顶，只能是单檐。

3.7.2 建筑组合

古建筑群一般以一进、两进等院落型空间为主，形成丰富多变的空间形态。通过对屋顶进行种种组合，使建筑物的体形和轮廓线变得愈加丰富。从高空俯视，屋顶呈现出别样的景致，中国古代建筑的"第五立面"是最具魅力的（图3.168、图3.169）。

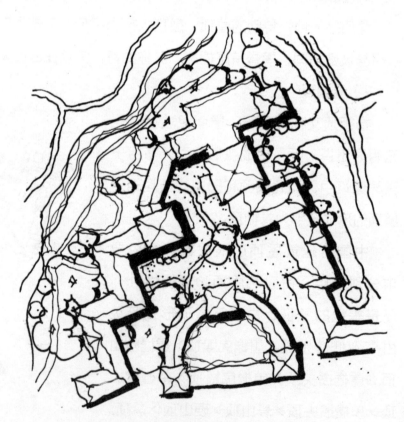

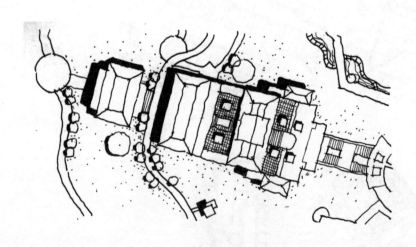

图 3.168 古建筑建筑组合平面 1

图 3.169 古建筑建筑组合平面 2

3.7.3 历史街区规划设计实例及快题展示

1）历史街区规划设计实例（图 3.170~ 图 3.174）

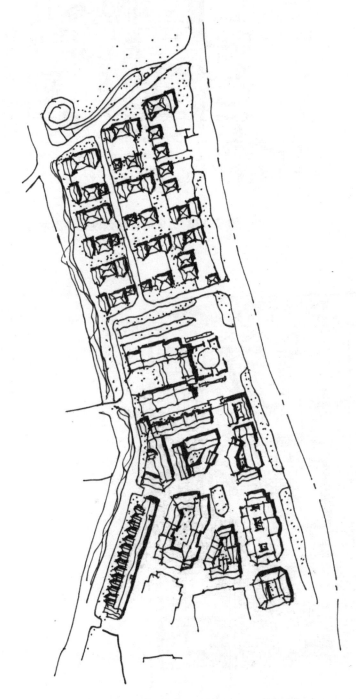

图 3.170 历史街区规划设计平面图 1

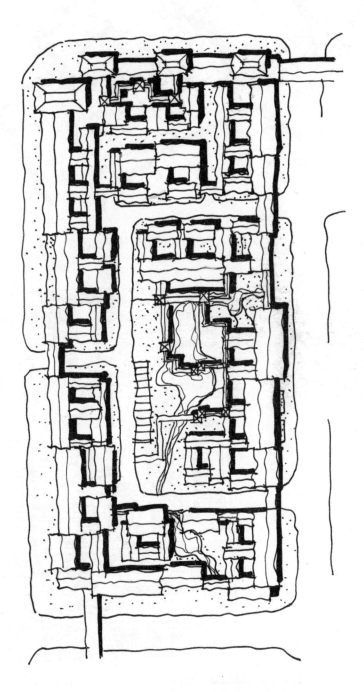

图 3.171 历史街区规划设计平面图 2

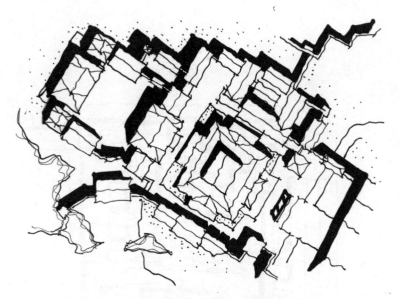

图 3.172 历史街区规划设计平面图 3

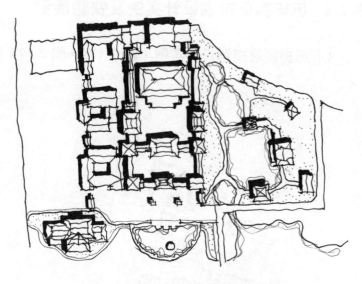

图 3.173 历史街区规划设计平面图 4

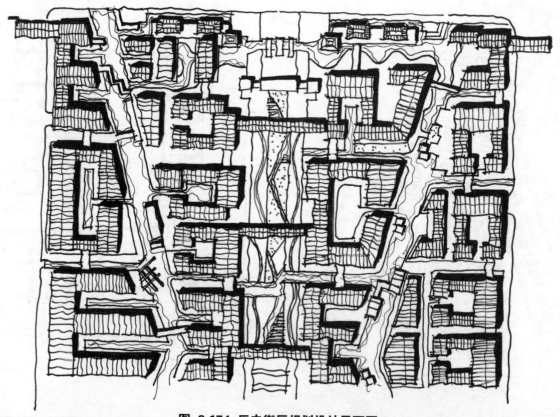

图 3.174 历史街区规划设计平面图 5

2）历史街区规划设计快题展示（图 3.175）

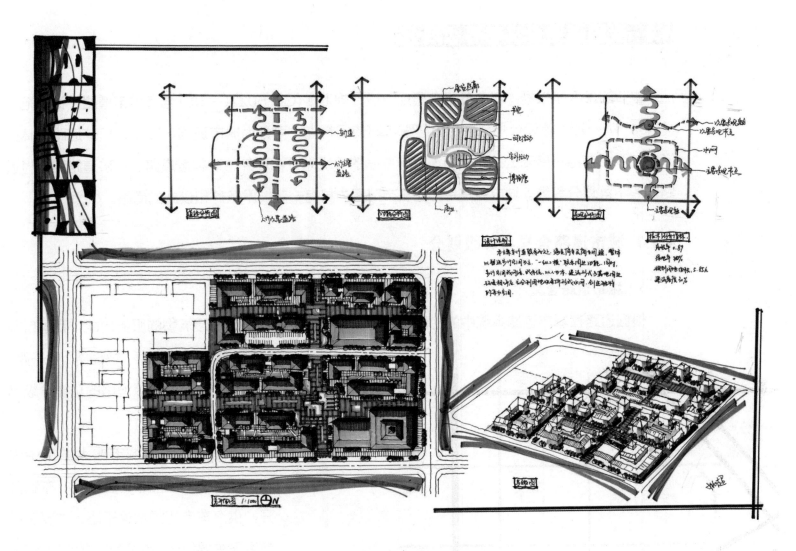

图 3.175 历史街区规划设计快题示例

第4章 城市道路交通知识

4.1 我国道路含义与等级划分

本节的主要是根据《城市道路交通规划设计规范》(GB 50220—95)与《城市道路设计规范》（CJJ 37—90）等设计规范。我国道路按照使用特点，可分为城市道路、公路、厂矿道路、林区道路和乡村道路。除对公路和城市道路有准确的等级划分标准外，对林区道路、厂矿道路和乡村道路一般不再划分等级。城市道路是指在城市范围内具有一定技术条件和设施的道路。

4.1.1 城市道路含义与等级划分

1）城市道路含义

根据道路在城市道路系统中的地位、作用、交通功能以及对沿线建筑物的服务功能，我国目前将城市道路分为四类：快速路、主干路、次干路及支路。各级道路的功能分级情况（图4.1）如下：

快速路在特大城市或大城市中设置，是用中央分隔带将上、下行车辆分开，供汽车专用的快速干路，主要联系市区各主要地区、市区和主要的近郊区、卫星城镇，联系主要的对外出路，负担城市主要客、货运交通，有较高车速和较强的通行能力。

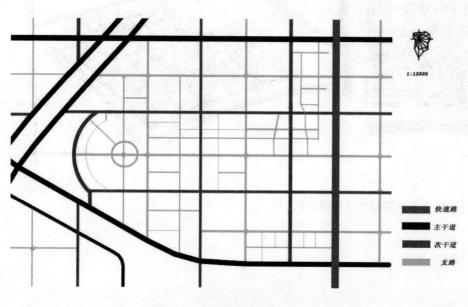

1:12000

快速路

主干道

次干道

支路

图4.1 城市道路等级示意

主干路是城市道路网的骨架，联系城市的主要工业区、住宅区、港口、机场和车站等客、货运中心，承担着城市主要交通任务的交通干道。主干路沿线两侧不宜修建过多的行人和车辆入口，否则会降低车速。

次干路为市区内普通的交通干路，配合主干路组成城市干道网，承担联系各部分和集散的作用，分担主干路的交通负荷。次干路兼有服务功能，允许两侧布置吸引人流的公共建筑，并应设停车场。

支路是次干路与街坊路的连接线，为解决局部地区的交通而设置，以服务功能为主。部分主要支路可设公共交通线路或自行车专用道，支路上不宜有过境交通。

2）城市道路等级划分

城市道路等级分快速路、主干路、次干路、支路四级，各级红线宽度控制：快速路不小于40m，主干道 30~40m，次干道 20~24m，支路 14~18m。

快速路是城市道路中设有中央分隔带，具有四条以上机动车道，全部或部分采用立体交叉与控制出入，供汽车以较高速度行驶的道路，又称汽车专用道。快速路的设计行车速度为 60~80km/h。

主干路连接城市各分区的干路，以交通功能为主。主干路的设计行车速度为 40~60km/h。

次干路承担主干路与各分区间的交通集散作用，兼有服务功能。次干路的设计行车速度为40km/h。

支路是次干路与街坊路（小区路）的连接线，以服务功能为主。支路的设计行车速度为 30km/h。

根据国家《城市规划定额指标暂行规定》的有关规定，道路还可划分为四级，如表 4.1 所示。

表 4.1 城市道路四级划分

类型	快速路（一级）	主干路（二级）	次干路（三级）	支路（四级）
特征	快速路在特大城市或大城市中设置，是用中央分隔带将上、下行车辆分开，供汽车专用的快速干路，主要联系市区各主要地区、市区和主要的近郊区、卫星城镇，联系主要的对外出路，负担城市主要客、货运交通，有较高车速和较强的通行能力	是城市道路网的骨架，联系城市工业区、住宅区、港口、机场和车站等客货运中心，承担着城市主要交通任务的干道。主干道沿线两侧不宜设置过多的行人和车辆入口，否则会影响道路通行	是市区内次要交通道路，配合主干路组成城市干道网络，起联系各部分和集散的作用，分担主干路的交通负担。次干路兼有服务功能，允许两侧布置吸引人流的公告建筑，并设停车场	是次干路与街坊的连接线，为解决局部地区的交通而设置，以服务功能为主，部分主要支路可设公告交通线路和自行车专用道。支路上不宜有过境交通
设计时速(km/h)	60~80	40~60	30~40	30
车道数量（个）	6~8	6~8	4~6	2~4
道路总宽（道路红线）(m)	40~70	30~60	20~40	15~30
转弯半径(m)	—	20~30	15~20	10~20
机动车道宽度(m)	3.75	3.5	3.5	3.5
分隔带设置	必须设	应设	可设	不设

3）公路

公路不是城市道路，但为了区别于城市道路，故放在本节论述。公路是连接各城市、城市和乡村、乡村和厂矿地区的道路。根据交通量、公路使用任务和性质，将公路分为以下五个等级：

高速公路：是具是有特别重要的政治、经济意义的公路，有四个或四个以上车道，并设有中央分隔带、全部立体交叉和完善的交通安全设施与管理设施、服务设施，全部控制出入，专供汽车高速行驶的专用公路。能适应年平均日交通量（ADT）25000 辆以上（图 4.2 ～图 4.4）。

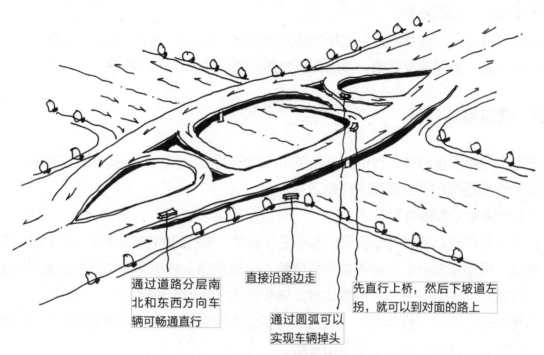

通过道路分层南北和东西方向车辆可畅通直行

直接沿路边走

通过圆弧可以实现车辆掉头

先直行上桥，然后下坡道左拐，就可以到对面的路上

图 4.2　高速公路公交示意图一

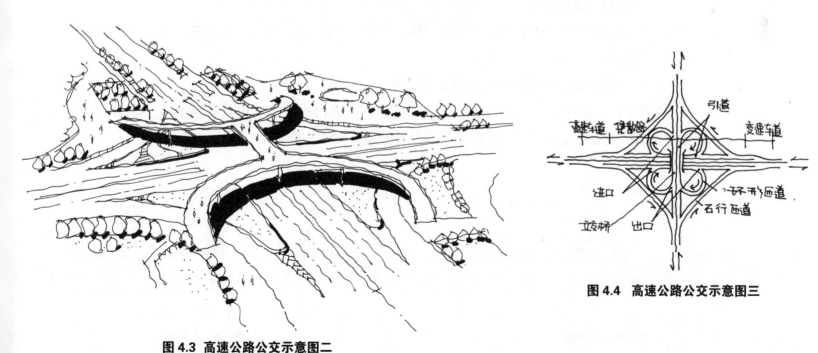

图 4.4　高速公路公交示意图三

图 4.3　高速公路公交示意图二

一级公路：是连接重要政治、经济、文化中心、部分立交的公路，一般能适应ADT=10000～25000辆。

二级公路：是连接政治、经济中心或大工矿区的干线公路、运输繁忙的城郊公路，能适应ADT=2000～10000辆。

三级公路：是沟通县或县以上城市的支线公路，能适应ADT=200～2000辆。

四级公路：是沟通县或镇、乡的支线公路，能适应ADT<200辆。

4.1.2　城市道路断面

城市道路断面按照是否有中央分隔带和两侧分隔带，可以分为四块板、三块板、两块板和一块板。道路横断面布置类型及其适用条件如下：

1）一块板（单幅路）

一块板是指机动车道与非机动车道不设分隔带，车行道为机非混合行驶（图4.5）。

特点：机动车车行道条数不应采取奇数，一般道路上的机动车与非机动车的高峰时间不会同时出现（速度不同），公共汽车停靠站附近与非机动车会相互干扰。

适用条件：适用于机非混行、交通量均不太大的城市道路，用地紧张与拆迁较困难的旧城市道路采用得较多，适用于城市次干道和支路。

2）两块板（双幅路）

两块板是指在车行道中央设一中央分隔带，将对向行驶的车流分隔开来，机动车可在辅路上行驶（图4.6）。

特点：单向车行道的车道数不得少于2条。

适用条件：适用于有辅助路供非机动车行驶的大城市主干路或设计车速大于5km/h、横向高差较大或地形特殊的路段、城市近郊区，以及非机动车较少的区域。

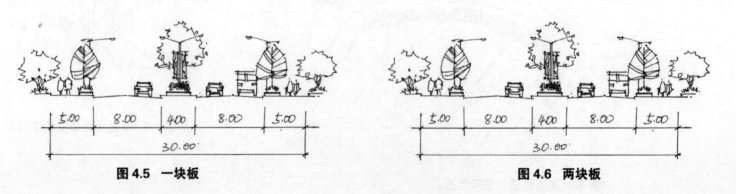

图4.5　一块板　　　　　　　　　　　　　　　　图4.6　两块板

3）三块板（三幅路）

三块板是用分隔带把车行道分为三部分，中央部分通行机动车辆，两侧供非机动车行驶（图4.7）。

特点：机非分行，避免机非相互干扰，保障了交通安全，提高了机动车的行驶速度，占地较多，投资较大，公交乘客上下车时需穿越非机动车道，对非机动车有干扰。

适用条件：适用于路幅较宽、交通量较大、车速较高、非机动车多、混合行驶不能满足交通需要的主要干线道路。另外，道路红线宽度小于40m时，不宜修建三幅路，原因是车行道与人行道不能满足基本要求。红线宽度为40m，修建三幅路时，车行道、人行道、绿化带、分隔带等均为最小宽度。

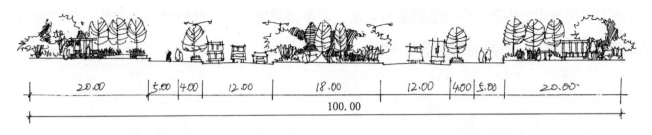

图4.7　三块板

4）四块板（四幅路）

四块板是在三幅路的基础上增加中央分隔带，形成机非分行、机动车分向行驶的交通条件（图4.8）。

特点：机动车能以较高速度行驶，交通量大，交通安全，占地大，行人过街相对困难。非机动车多的主干道与快速路以及过境道路建为四幅路，不但能避免机动车与非机动车的矛盾，而且可以解决对向机动车行驶的矛盾，有条件的城市主干道可以逐步改建为四幅式断面。

适用条件：适用于快速路与郊区道路。

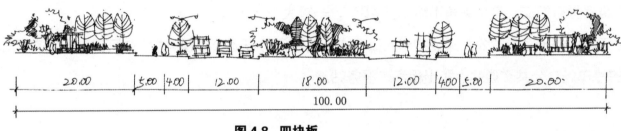

图4.8　四块板

根据国内各城市建设道路的经验，机动车道的宽度，双车道取 7.5~8.0m，三车道取 11.0m，四车道取 15m，六车道取 22~23m，八车道取 30m。

4.1.3 城市道路交通规划设计规范

根据《城市道路交通规划设计规范》(GB 50220—95)的要求，城市各级道路以及公共交通必须满足以下要求：

1）城市道路规范

城市道路网节点上相交道路的条数宜为 4 条，且不得超过 5 条。应避免设置错位的 T 形路口。已有的错位 T 形路口，在规划时应改造（图 4.9、图 4.10）。

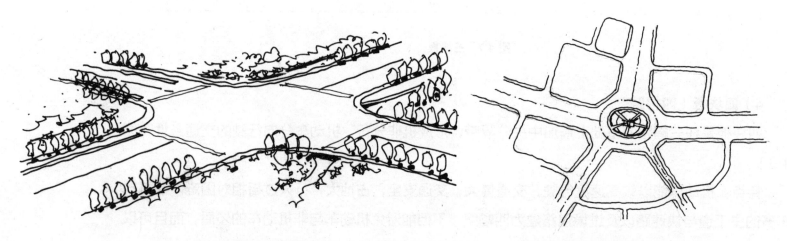

图 4.9 城市道路网节点示意图 1   **图 4.10 城市道路网节点示意图 2**

道路宜垂直相交，最小夹角不得小于 45°，一般大于 75°。

主干路两侧不宜设置公共建筑物出入口。次干路两侧可设置公共建筑物，并可设置机动车和非机车的停车场、公共交通站点和出租汽车服务站。

支路规划应符合下列要求：

①支路应与次干路和居住区、工业区、市中心区、市政公用设施用地、交通设施用地等内部道路相连接。

②支路应与平行快速路的道路相接，但不得与快速路直接相接。在快速路两侧的支路需要连接时，应采用分离式立体交叉跨过或穿过快速路。

③机动车公共停车场的服务半径，在市中心地区不应大于 200m，一般地区不应大于 300m，自行车公共停车场的服务半径宜为 50~100m，且不得大于 200m。

④机动车公共停车场用地面积，宜按当量小汽车停车位数计算。地面停车场用地面积，每个停车位宜为 2.5~3.0m^2；停车楼和地下停车库的建筑面积，每个停车位宜为 3.0~3.5m^2。

摩托车停车场用地面积，每个停车位宜为 2.5~2.7m^2；自行车公共停车场用地面积，每个停车位宜为 1.5~1.8m^2。

平面交叉口的形式，就相交道路在交叉口处的平面布置形式来划分，有十字形、T形、Y形、X形、错位交叉、多路交叉和畸形交叉等。通常采用的是十字形，其形式简单，交通组织方便，街角建筑容易处理，适用范围广，是最基本的交叉口形式；其次是 T 形交叉口，它具有与十字形类似的特点。各种平面交叉口示意图详见图 4.11。

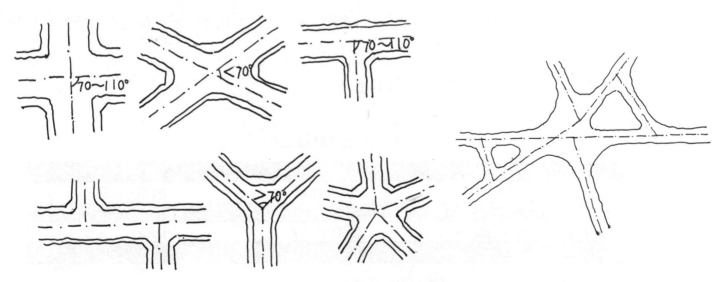

图 4.11　城市交叉口平面示意图

2）城市公共交通规范

①城市公共交通规划应在客运高峰时，使 95% 的居民乘用下列主要公共交通方式时，单程最大出行时耗应符合表 4.2 的规定。

表 4.2 不同规模城市的最大出行时耗和主要公共交通方式

城市规模		最大出行时耗 (min)	主要公共交通方式
大	>200 万人	60	大、中运量快速轨道交通
			公共汽车、电车
	100~200 万人	50	运量快速轨道交通
			公共汽车、电车
	<100 万人	40	公共汽车、电车
中		35	公共汽车
小		25	公共汽车

城市公共汽车和电车的规划拥有量，大城市应每 800 ~ 1000 人一辆标准车，中、小城市应每 1200 ~ 1500 人一辆标准车。

城市出租汽车规划拥有量根据实际情况确定，大城市每千人不宜少于 2 辆，小城市每千人不宜少于 0.5 辆，中等城市可在其间取值。

规划城市人口超过 200 万人的城市，应控制预留设置快速轨道交通的用地。

②在市中心区规划的公共交通线路网的密度，应达到 3~4km/km²；在城市边缘地区应达到 2~2.5km/km²。

③公共交通车站的站距应符合表 4.3 的规定。

表 4.3 公共交通站距

公共交通方式	市区线 (m)	郊区线 (m)
公共汽车与电车	500~800	800~1000
公共汽车大站快车	1500~2000	1500~2500
中运量快速轨道交通	800~1000	1000~1500
大运量快速轨道交通	1000~1200	1500~2000

公共交通车站服务面积，以 300m 半径计算，不得小于城市用地面积的 50%；以 500m 半径计算，不得小于 90%。

公共交通车站的设置应符合下列规定：在路段上，同向换乘距离不应大于 50m，异向换乘距离不应大于 100m；对置设站，应在车辆前进方向迎面错开 30m；在道路平面交叉口和立体交叉口上设置的车站，换乘距离不宜大于 150m，且不得大于 200m。

长途客运汽车站、火车站、客运码头主要出入口 50m 范围内应设公共交通车站。

快速路和主干路及郊区的双车道公路，公共交通停靠站不应占用车行道。停靠站应采用港湾式布置，市区的港湾式停靠站长度，应至少有 2 个停车位。

④商业步行区的紧急安全疏散出口间隔距离不得大于 160m。区内道路网密度可采用 $13\sim18km/km^2$。

商业步行区的道路应满足送货车、清扫车和消防车通行的要求。道路的宽度可采用 10 ~ 15m，其间可配置小型广场。

商业步行区内步行道路和广场的面积，可按每平方米容纳 0.8~1.0 人计算。

商业步行区距城市次干路的距离不宜大于 200m，步行区进出口到公共交通停靠站的距离不宜大于 100m。

商业步行区附近应有相应规模的机动车和非机动车停车场或多层停车库，其距步行区进出口的距离不宜大于 100m，且不得大于 200m。

⑤关于场地交通组织，《民用建筑设计通则》(GB 50352—2015) 对场地的交通组织有以下几个方面的要求：场地内道路布置上，基地内应设通路与城市道路相连，通路的间距不应大于 160m，长度超过 35m 的尽端式车行道应设回车场，基地内车行路边缘至相邻有出入口的建筑物外墙间的距离不应小于 3m；在车流量较大的场地出入口位置的交通，距大中城市的主干道交叉口

距离，自红线交点量起不应小于70m，距非道路交叉口的过街人行道最边缘线不应小于5m，距公共交通站台边缘不小于20m，距学校、公园、儿童及残疾人等建筑物的出入口不应小于20m；在人员密集场地的交通组织，基地应至少有一面直接连接城市主道路，基地应至少有两个以上不同方向通向城市道路的出口，基地或建筑物的主要出入口，应避免直对城市主要干道的交叉口（图4.12）。

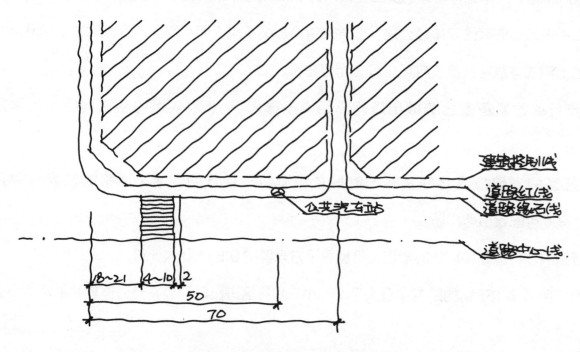

图 4.12 场地机动车出入口示意

4.2　地块内部道路

内部道路一般是指连接内部不同功能的车行道，是快题考查的重点之一。一般内部道路分为主要道路、次要道路、支路。不同层级道路的道路红线宽度、转弯半径及图示如表 4.4 所示。

表 4.4　地块内部道路

类型	主要道路	次要道路	支路
特征	用以解决规划地段内、外的交通联系以及内部主要功能组团之间的联系，是规划地段的主要结构要素	用以辅助解决地段内主要功能组团的交通联系以及组团内部交通	联系地段内建筑出入口与主要道路
出入口数量（个）	2~4	2	1~2
道路总长（m）	15~25	10~15	6~10
转弯半径（m）	15~20	10~15	3~6
图示	6m　12m　6m	4m　7m　4m	2m　4m　2m

4.2.1　居住区道路等级

居住区内部道路根据居住区规模大小一般分为居住区道路、小区路、组团路、宅间小路四个等级（表 4.5）。

居住区级道路——居住区的主要道路，用以解决居住区内外交通的联系。道路红线宽度一般为 20~30m。车行道宽度不应小于9m,若需通行公共交通,应增至 10~14m,人行道宽度为2~4m不等。

居住小区级道路——居住区的次要道路，用以解决居住区内部的交通联系。道路红线宽度一般为 10~14m，车行道宽度 6~8m，人行道宽 1.5~2m。

住宅组团级道路——居住区内的支路，用以解决住宅组群的内外交通联系，车行道宽度一般为4~6m。

宅间小路——通向各户或各单元门前的小路，一般宽度不小于2.5m（图4.13）。

表 4.5 居住区道路等级

道路等级	红线宽度	道路宽度
居住区道路	> 20m	> 14m
小区路	—	6~9m
组团路	—	3~5m
宅间小路	—	大于2.5m

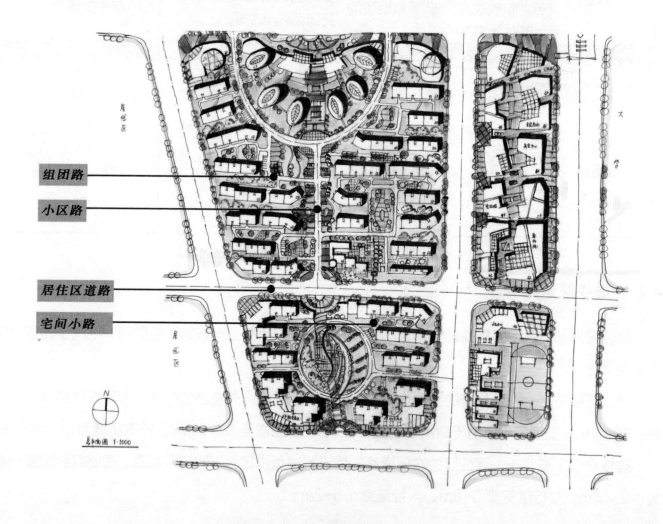

组团路

小区路

居住区道路

宅间小路

图 4.13　居住区道路级别示意

4.2.2 居住区规划相关道路规范及基本要求

1）基本规范

居住区内主要道路至少应有两个出入口和两个方向与外围道路相连。机动车道对外出口间距不应小于 150m。人行出口间距不宜超过 80m，当建筑物长度超过 80m 时，应在底层加设人行通道。

居住区内尽端式道路的长度不宜大于 120m，若大于 120m，应在尽端设不小于 12m×12m 的回车场地，消防车至少应在尽端设不小于 15m×15m 的回车场地。

沿街建筑物长度超过 150m 时，应设不小于 4m×4m 的消防车通道。人行出入口间距不宜超过 80m，当建筑物超过 80m 时，应在底层架设人行通道。消防车通道和底层人行通道在快题中均可以用虚线矩形框表示。

居民汽车停车率不应小于 10%，居住区内地面停车率（居住区内居民汽车的停车位数量与居住户数的比率）不宜超过 10%。

居民停车场、库的布置应方便居民使用，服务半径不宜大于 150m。

当居住区内用地坡度大于 8% 时，应辅以梯步解决竖向交通，并宜在梯步旁设推自行车的坡道。

2）居住区道路规划设计的基本要求

居住区内部道路主要为本住区居民服务。居住区道路系统应根据功能要求进行分级。为了保证居住区内居民的安全和安宁，不应有过境交通穿越居住区，特别是居住小区。同时，不宜有过多的车道出口通向城市交通干道。出口间距不应小于 150m，也可用平行于城市交通干道的地方性通道来解决居住区通向城市交通干道出口过多的矛盾。

道路走向要便于职工上下班，尽量减少反向交通。住宅与最近的公共交通站之间的距离不宜大于 500m。

应充分利用和结合地形，尽可能结合自然分水线和汇水线，以利于雨水排除。在南方多河地区，道路宜与河流平行布置，以减少桥梁和涵洞的投资。在丘陵地区则应尽可能少挖少填，减少土石方工程量，减少对于自然生态的破坏，以节约投资。

在进行旧居住区改建时，应充分利用原有道路和工程设施。

车行道一般应通至住宅建筑的入口处，建筑物外墙面与人行道边缘的距离不应小于 1.5m，与车行道边缘的距离不应小于 3m。

尽端式道路长度不宜超过 120m，在尽端处应能便于回车。

若车道宽度为单车道，则每隔 150m 左右应设置车辆互让处。

道路宽度应考虑工程管线的合理敷设。

道路的线型、断面等应与整个居住区规划结构和建筑群体的布置有机结合。

应考虑为残疾人设计无障碍通道。

4.3　万能道路组织结构

常用的万能道路组织结构形态有 S 形路网、L 形路网、秤钩形路网（或问号形路网）、U 形路网以及以上类型的混合型路网等。居住区路网布置应遵循 "通而不畅，顺而不穿" 的基本原则。

①S 形路网结构：组织空间结构，丰富空间层次，软化空间界面。S 形路网具有很好的均衡性，距离各个分区都不会很远，辐射范围大（图 4.14、图 4.15）。

②L 形路网结构：路网简洁，便于加强场地的规整性，实现道路与建筑空间的网格化组织（图 4.16、图 4.17）。

③秤钩形路网结构：打破规则地形，使空间富于变化，提升场地空间的利用率和整体景观的均衡性（图 4.18、图 4.19）。

④环形路网结构（内环、中环、外环形）：利于实现交通服务的均好性，突出景观单中心结构（图 4.20、图 4.21）。

⑤U 形路网结构：有利于功能的分离和空间的融合，与轴线景观结构搭配设计，重点打造入口空间形象（图 4.22、图 4.23）。

⑥马鞍形路网结构：顺应地形进行设计，使空间富于变化（图 4.24）。

　　城市道路网一般有贯穿式、外环式、组团式、枝状式、混合式，生活中常见的多为棋盘式（方格网式）、扇形放射式、环形路网。由于快题设计中地块相对较小，路网一般相对简单，灵活运用以上几种万能的道路组织形式就足以应对考试。

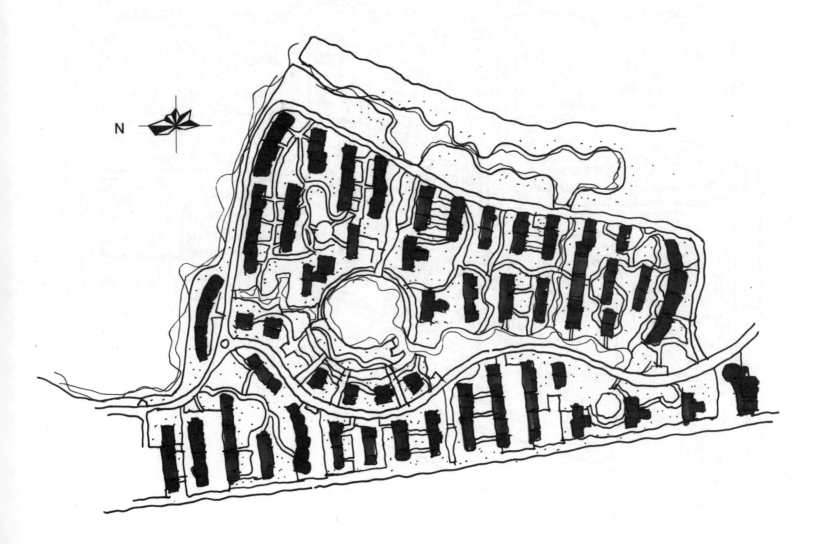

图 4.14　S 形路网结构示例 1

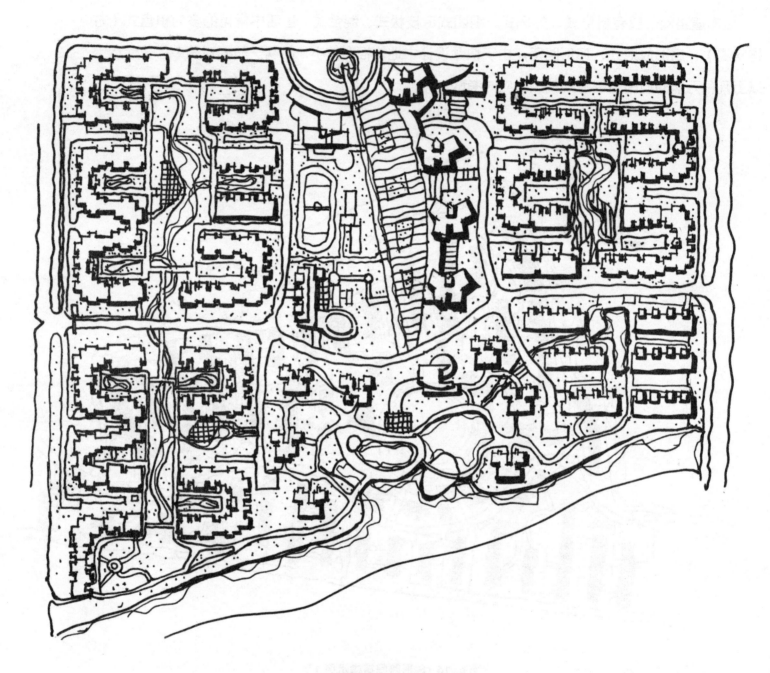

图 4.15　S 形路网结构示例 2

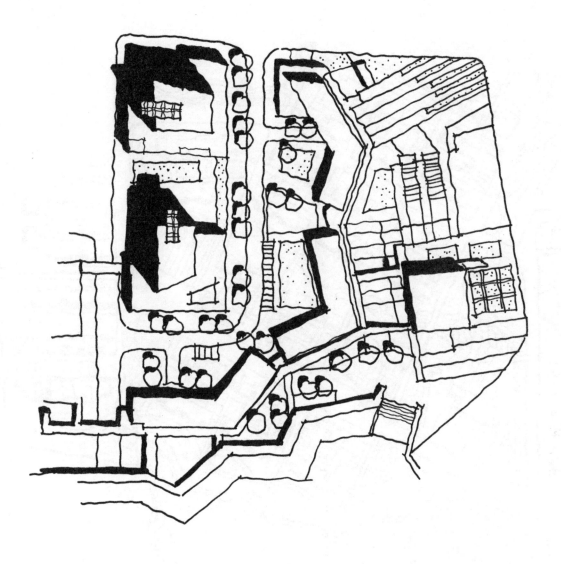

图 4.16　L 形路网结构示例 1

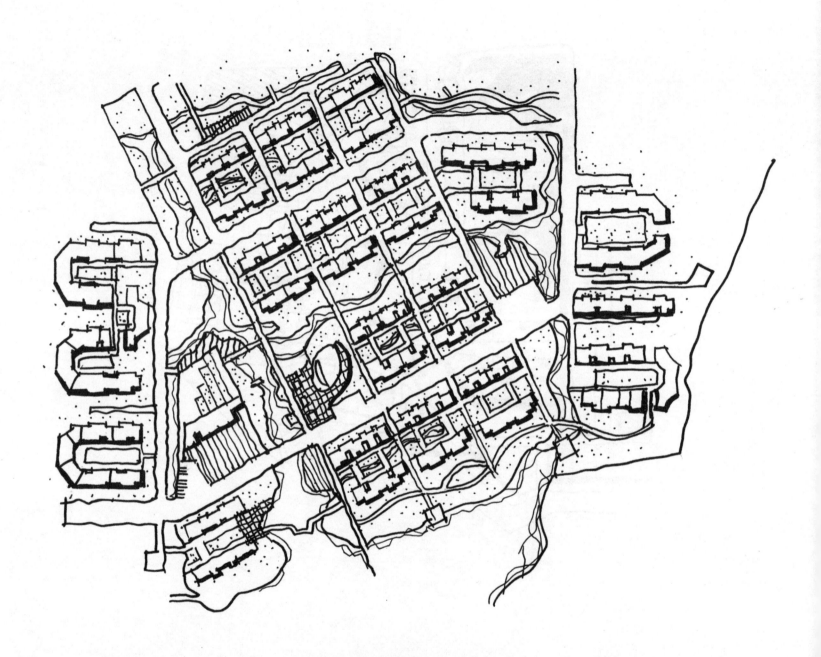

图 4. 17 L 形路网结构示例 2

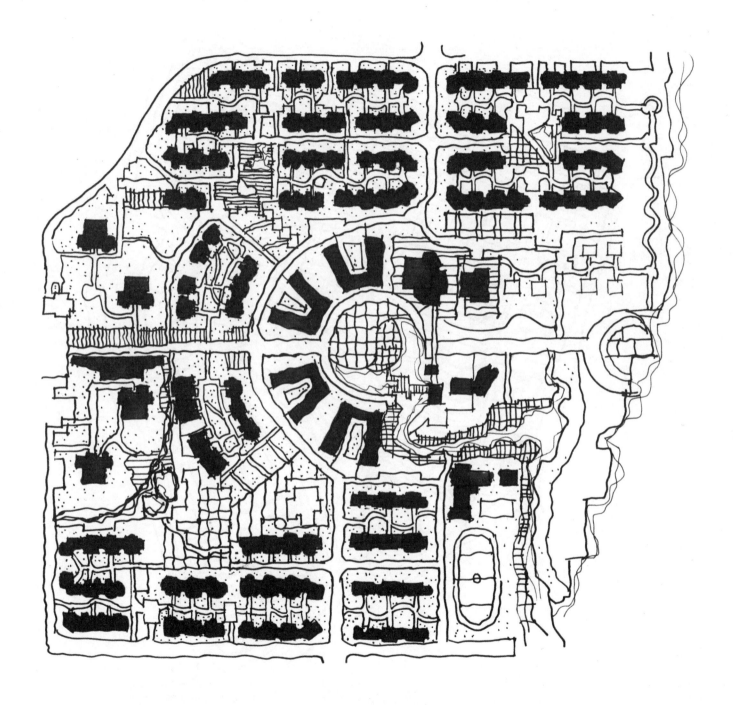

图 4.18　秤钩形路网结构示例 1

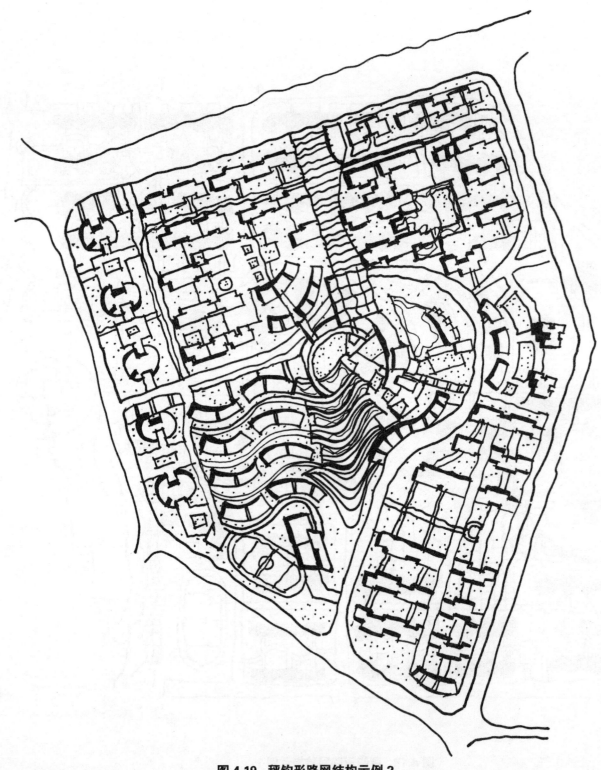

图 4.19　秤钩形路网结构示例 2

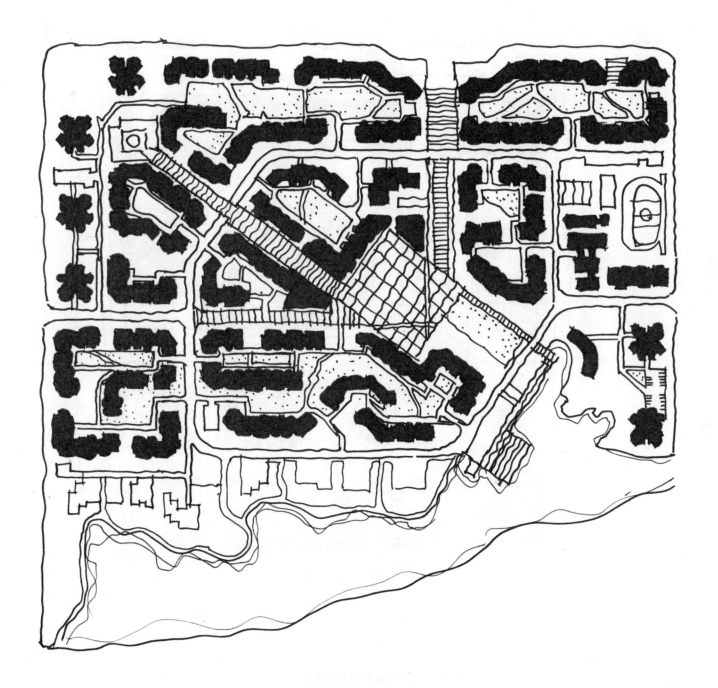

图 4.20　环形路网结构示例 1

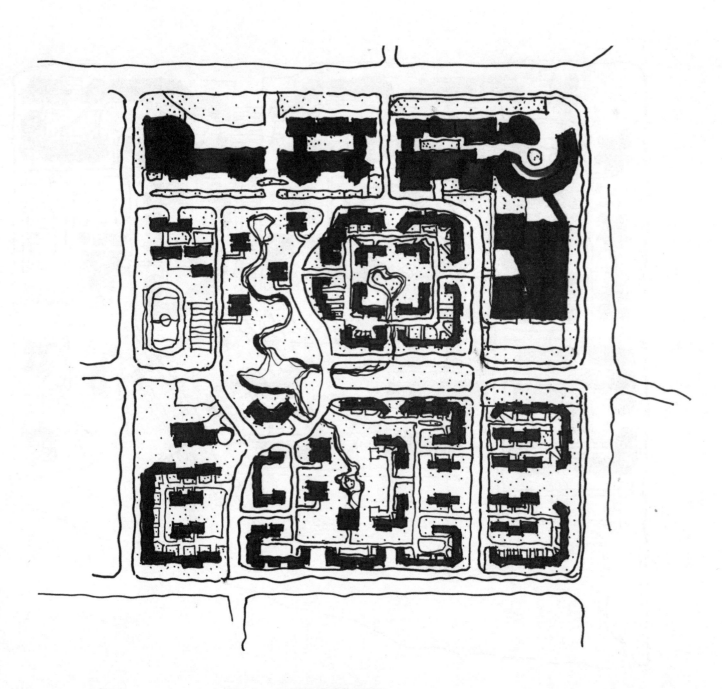

图 4.21 环形路网结构示例 2

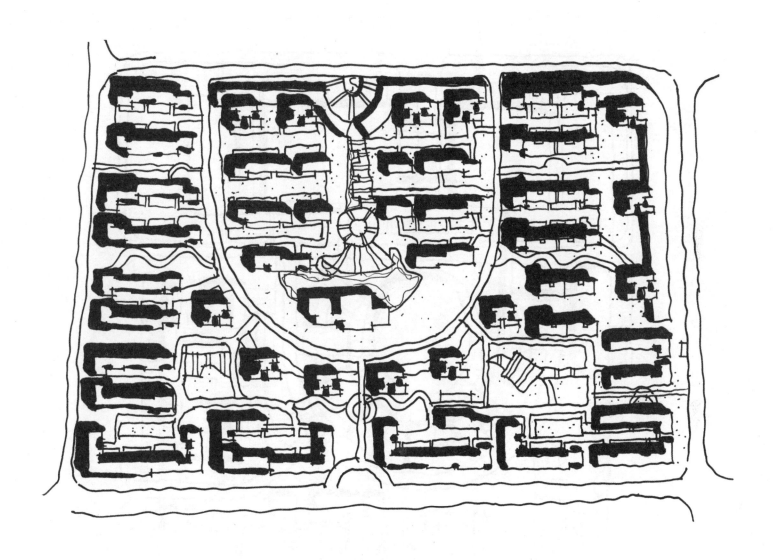

图 4.22　U 形路网结构示例 1

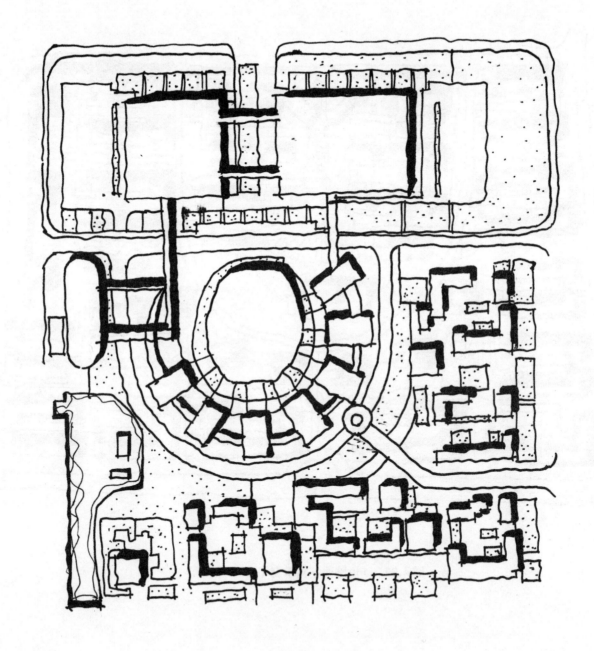

图 4.23 U 形路网结构示例 2

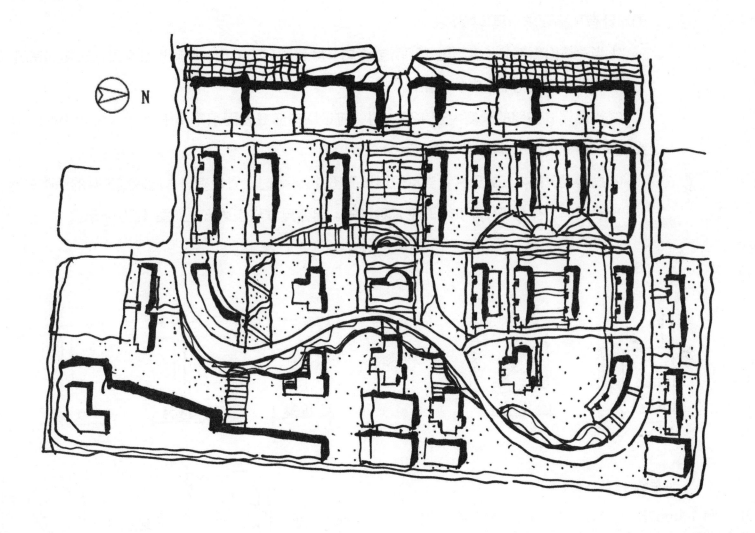

图 4.24　马鞍形路网结构示例

4.4 静态停车系统

4.4.1 回车场、消防通道

《建筑设计防火规范》（GB 50016—2014）对一般建筑和高层民用建筑中消防通道、回车场的设计有严格要求，具体如下：

①当建筑沿街部分长度超过 150m 或者总长度超过 220m 时，均应设置穿过建筑物的消防通道。

②消防车道的宽度不应小于 4m。

③当尽端式道路的长度大于 120m 时，应设回车道或者面积不小于 12m×12m 的回车场，供大型车使用的回车场面积不小于 15m×15m。

④高层建筑的内院或天井，当其短边长度超过 24m 时，宜设有进入内院或天井的消防车道。

一般回车场有 O 形、T 形、L 形几种形式。具体尺寸与表达方式如图 4.25 所示。

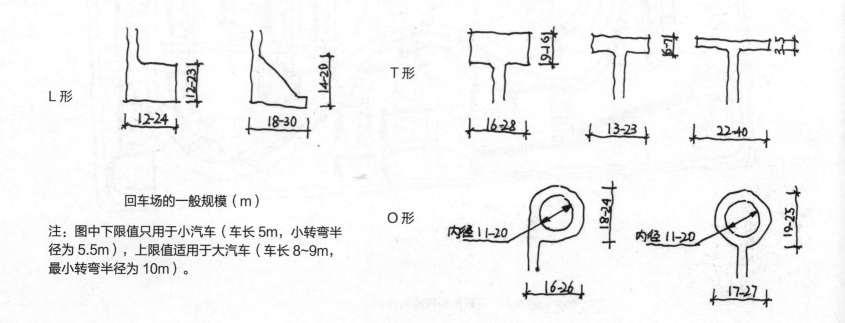

L 形

T 形

O 形

回车场的一般规模（m）

注：图中下限值只用于小汽车（车长 5m，小转弯半径为 5.5m），上限值适用于大汽车（车长 8~9m，最小转弯半径为 10m）。

图 4.25 消防车回车场示意

尽端式消防车道回车场不小于 15m×15m，大型消防车的回车场不小于 18m×18m（图 4.26）。

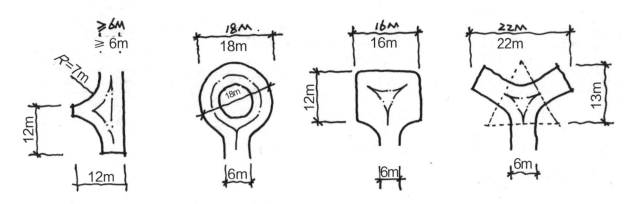

图 4.26　尽端式消防车回车场示意

4.4.2　车辆停放方式

城市道路上的车辆停放方式一般有三种：平行式、垂直式和斜列式。标准的小汽车停车位尺寸为 2.5m×5m，公交车为 4m×10m（图 4.27、图 4.28）。

单位停车面积的要求是：小型汽车（地面）25~30m²，（地下）30~35m²；摩托车：2.5~2.7m²；自行车：1.5~1.8m²。

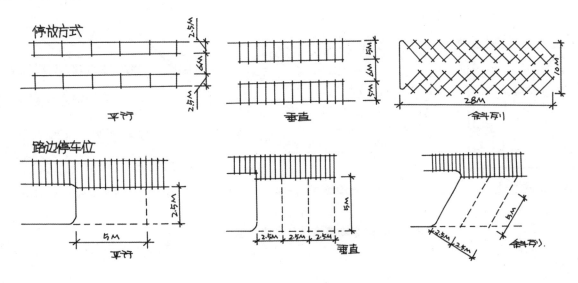

图 4.27　车辆停放方式示意

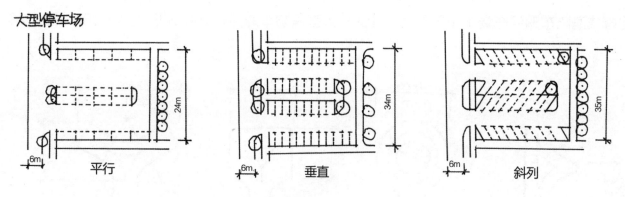

图 4.28　大型停车场示意

4.4.3　停车场设置相关规范

居住区内地面停车率不宜超过 10%，商业、服务性等公共建筑的停车场地面停车率不宜低于 15%，涉及的公式及要求有：住区总停车位数 = 住区总户数，中心区停车位数按总建筑面积 /100 进行估算，大学停车位可按照每 100 平方米建筑面积设置 0.5 个停车位的标准进行计算，且一般全为地面停车位。

大型公共建筑附近必须设置与之相适应的停车场。停车场距公共建筑出入口宜为 50~100m²，集中停车场的服务半径不超过 500m。在快题设计中，除了要考虑停车场的位置以外，还必须考虑车辆进出停车场的通行流线（图 4.29）。

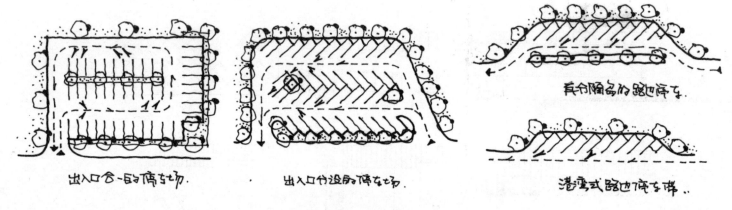

图 4.29　停车场流线设计画法示意

一般停车场在满足基本规范（0.5~1.0 个 /100m^2）的基础上，可根据地块实际需要按照"地上与地下相结合，集中与分散相结合"的方式，结合环境灵活丰富布局。停车场的大小与出入口的个数存在一定关系。

地面停车库的大小与出入口的个数的关系是：50 辆以下的公共停车场为 1 个出口；50~300 个停车位的停车场应设置 2 个出入口；超过 300 个停车位的停车场出口与入口应分开设置，2 个出入口间距应大于 200m；1500 个停车位以上应分组设置，每组 500 个停车位，各设一对出入口。

地下停车库的大小与出入口的个数的关系为：100 辆以上为 2 个出口；多层汽车库小于 100 辆，可设一双车道出入口，停车场出入口宽度不得小于 7m，车道宽至少 5m，停车场的出入口不宜设在主干路上，可设在次干路或支路上并远离交叉口，至少距离 20~30m；不得设在人行横道，公交停靠站以及桥隧引道处（图 4.30、图 4.31）。

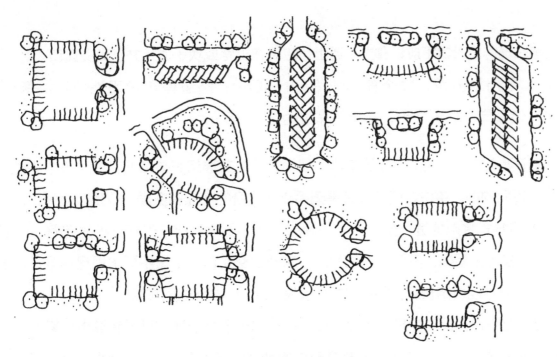

图 4.30　分散式停车场画法示意

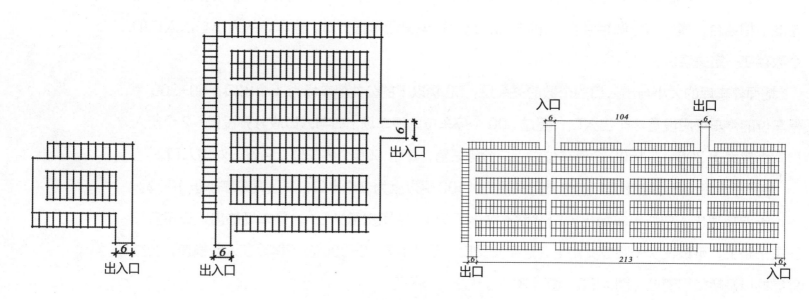

图 4.31　集中式停车场画法示意

注意：停车场的出入口不应设在主干道上，应设在支路或次干道，并远离交叉口。

地面停车场用地面积，每个停车位为 25~30m²；路边停车带用地面积，每个停车位 16~20 m²；停车库的建筑面积，每个停车位为 30~35 m²。

小结：城市重点地段的人流、车流密集，规划设计时交通组织要顺畅，如果各个功能之间没有必要的联系，不同的办公单位之间，或者是无须立体混合的商业和多层居住建筑之间，也可以通过增加城市支路的方式将用地进一步划分，划分的街区不要太零碎，形状要相对完整，面积控制在 4~5hm²。道路应尽量顺畅，不要出现锐角的、错动的交叉口，尽量不要出现尽端路；若不得已出现尽端路，一定要控制道路长度，并在尽端处设置 12m×12m 的回车场。

各个单位都应有自己独立的机动车出入口，并且应位于城乡次干道或者城市支路上，距离城市干道交叉口距离不要小于 70m。如果一栋建筑中容纳了许多不同功能，则商业公共入口、商业货物出入口、居住入口等要分离设置，以免发生干扰。

第 5 章　广场景观知识

5.1　城市广场

广场是典型的公共开放空间，是城市居民特定公共活动集中开展的地方。广场一般位于城市道路的交会处、空间结构的转换处、城市或片区的中心位置。作为城市或片区的核心空间，广场应充分体现其精神内涵和形象特征。广场通常以硬质铺地为主，由建筑物围合或限定形成，发挥形态控制中心和形象中心的作用，把周围各个独立的功能单元联系起来，组成一个有机整体。

5.1.1　城市广场分类

1）按照城市广场性质分类

广场按照其主要功能、用途及在城市交通系统中所出的位置，可分为公共活动广场、集散广场、纪念广场、交通广场和商业广场。但这种分类是相对的，现实中每一类广场都或多或少具备其他类型广场的某些功能。有的广场兼有多种功能，也可称为综合性广场。

公共活动广场一般位于城市的中心地区，地理位置适中，交通方便。布置在广场周围的建筑主要以党政机关、重要的公共建筑或纪念性建筑为主。公共活动广场主要是供居民文化休息活动，也是政治集会和节日联欢的公共场所，主要包括市民广场、生活广场、文化广场、游憩广场（图 5.1~图 5.5）。

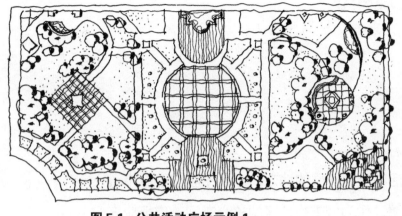

图 5.1 公共活动广场示例 1

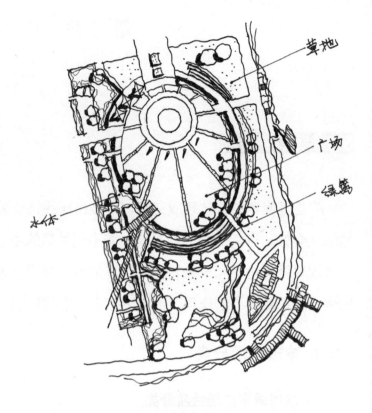

草地

广场

绿篱

水体

图 5.3 公共活动广场示例 3

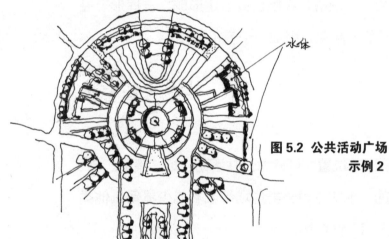

水体

图 5.2 公共活动广场
示例 2

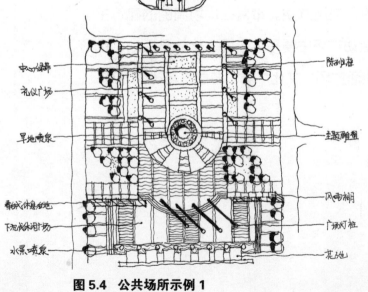

中心绿带

礼仪广场

旱地喷泉

看戏式休息台地

下沉式休闲广场

水景喷泉

防利设施

主题雕塑

风雨棚

广场灯柱

花坛

图 5.4 公共场所示例 1

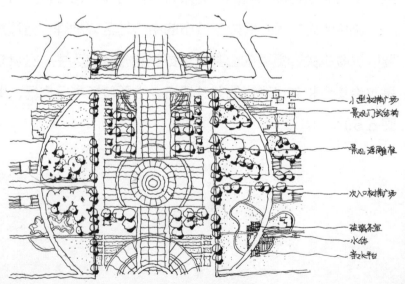

小型铺装广场

景观门式结构

景观浮雕雕框

次入口铺装广场

玻璃茶室

水体

亲水平台

图 5.5 公共场所示例 2

集散广场是城市中主要人流和车流集散点前面的广场，如飞机场、火车站、轮船码头等交通枢纽站前广场，体育场馆、影剧院、饭店宾馆等公共建筑前广场和大型工厂、机关、公园门前广场等。主要作用是解决人流、车流的集散，具有组织交通和管理的功能，同时还具有修饰街景的作用（图5.6）。

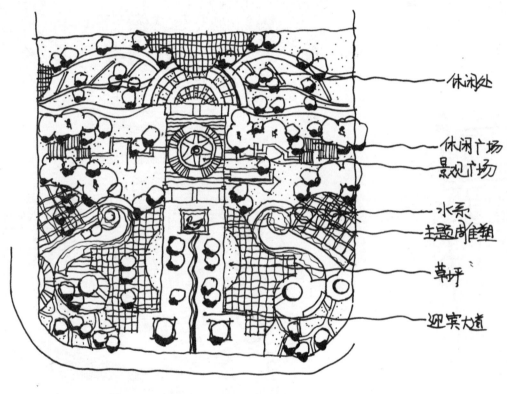

休闲处

休闲广场
景观广场

水系
主题雕塑

草坪

迎宾大道

图 5.6　集散广场示例

纪念性广场以城市历史文化遗址、纪念性建筑为主体，或在广场上设置突出的纪念物，如纪念碑、纪念塔、人物雕塑等，其主要目的是供人瞻仰。这类广场宜保持环境幽静，禁止车流在广场内的穿越与干扰（图 5.7~图 5.9）。

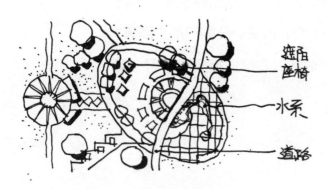

图 5.7　纪念性广场示例 1

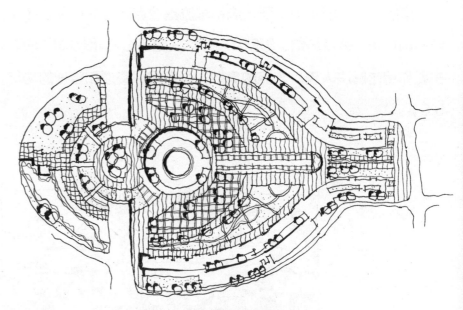

图 5.8　纪念性广场示例 2

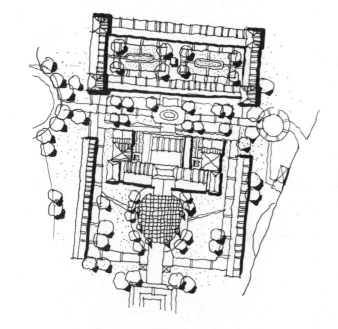

图 5.9　纪念性广场示例 3

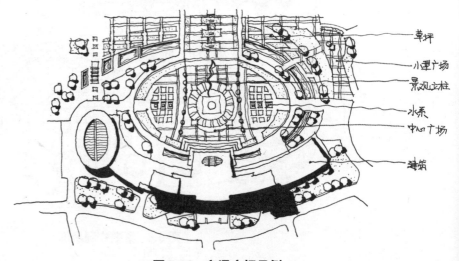

图 5.10　交通广场示例

　　交通广场是指有数条交通干道的较大型的交叉口广场，例如大型的环形交叉、立体交叉和桥头广场等，其主要功能是组织和疏导交通（图 5.10）。

　　商业广场是指专供商业贸易建筑、商亭，供居民购物、进行集市贸易活动用的广场（图 5.11~图 5.15）。

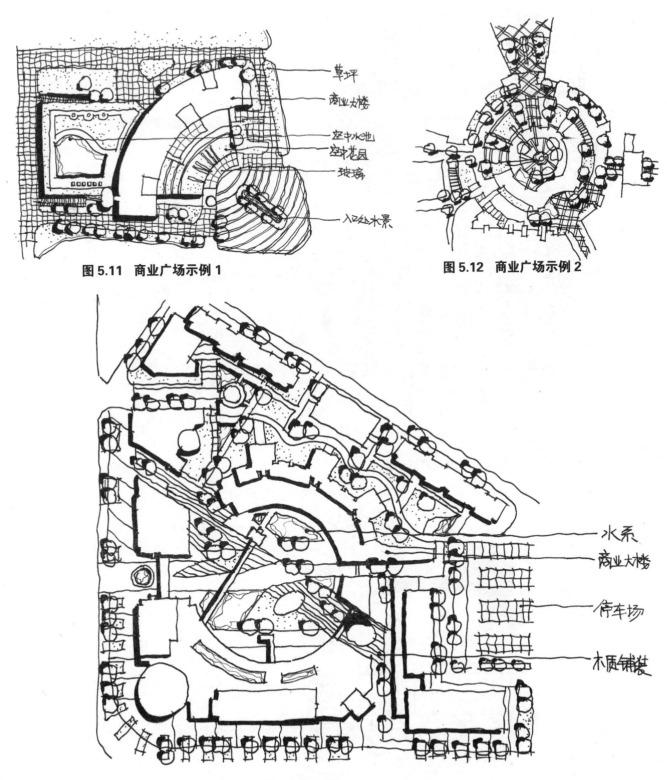

图 5.11 商业广场示例 1

图 5.12 商业广场示例 2

图 5.13 商业广场示例 3

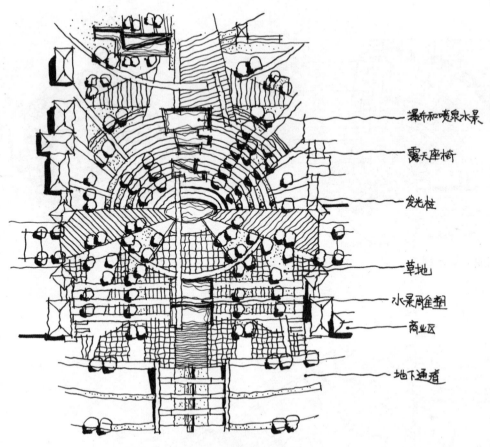

瀑布和喷泉水景

露天座椅

发光柱

草地

水景雕塑

商业区

地下通道

图 5.14　商业广场示例 4

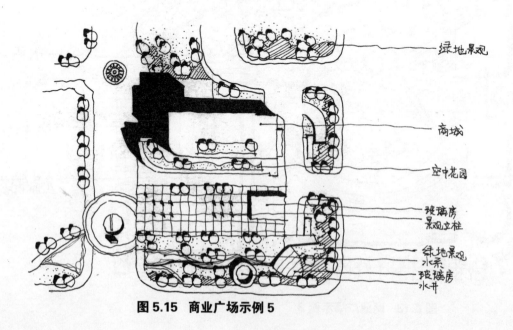

绿地景观

商城

空中花园

玻璃房
景观立柱

绿地景观
水系
玻璃房
水井

图 5.15　商业广场示例 5

2）按照广场的平面组合分类

广场的形成有自发与规划两种形式，也受到地形、观念、文化等多种因素的影响，因而其平面组合表现各种不同形态，基本可以分为单一形态广场和复合形态广场两类。

单一形态广场分为规则性广场（包括正方形广场、长方形广场、梯形广场、圆形广场、椭圆形广场等）和自由性广场（图5.16）。

复合形态广场复合形态广场分为有序复合广场和无序复合广场（图5.17）。

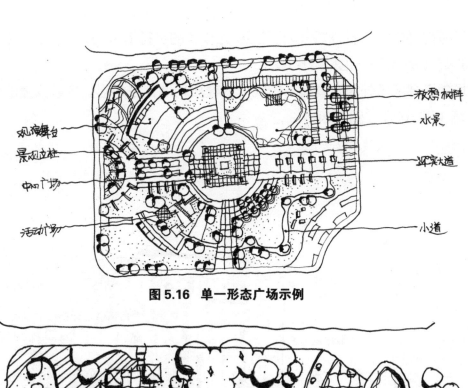

观演舞台 景观立柱 中心广场 活动场 救险树林 水景 迎宾大道 小道

图5.16 单一形态广场示例

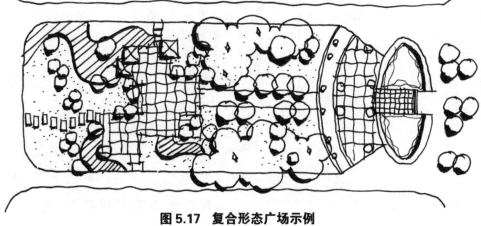

图5.17 复合形态广场示例

3）规划设计中经常涉及的广场用途分类

广场可分为城市公共广场、功能区中心广场、节点广场、步行联系广场、建筑周边广场等。

城市公共广场服务全体市民，展示城市形象，为市民提供多样化的日常交流的活动场所。根据功能性质可分为市民广场、纪念性广场、交通广场、商业广场等（图5.18）。

功能区中心广场是在不同的城市功能区内部设置的供人活动的核心广场。如居住区休闲广场（图5.19）。

节点广场是各级别的中心广场，为街区内的市民提供日常休闲。如街区入口广场等（图5.20～图5.22）。

步行联系广场是控制步行节奏，联系步行路径，为线状的步行提供短暂的停留、休闲空间的场所。如步行街区带形广场（图5.23～图5.25）。

建筑周边广场邻近建筑区外墙，具有一定规模的硬质场地，主要起到集散人流的作用。如大型公共建筑入口广场（图5.26～图5.28）。

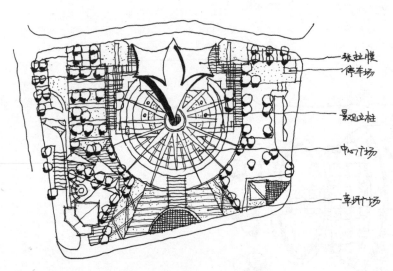

图 5.18　城市公共广场示例

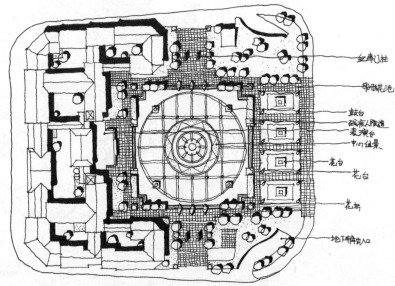

图 5.19　功能区中心广场示例

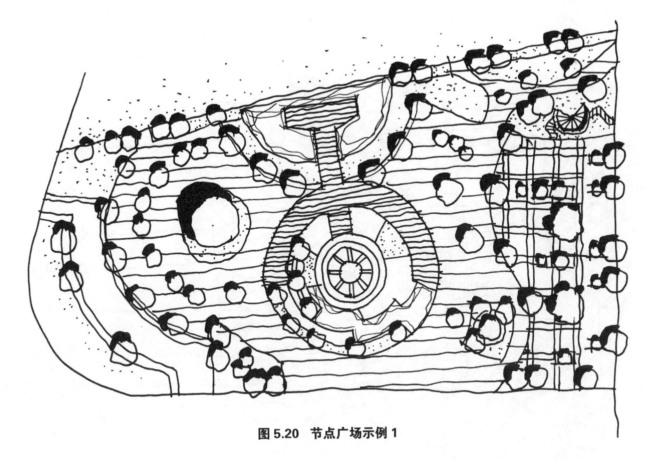

图 5.20　节点广场示例 1

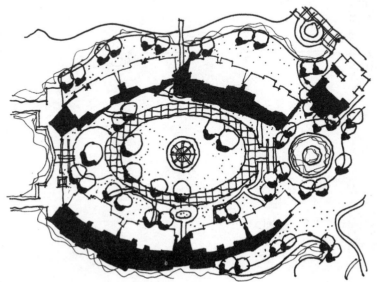

图 5.21　节点广场示例 2

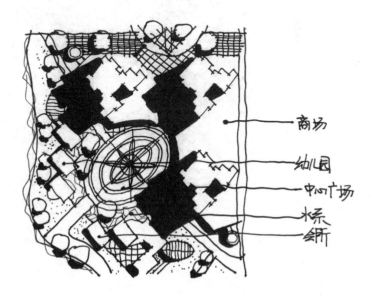

图 5.22　节点广场示例 3

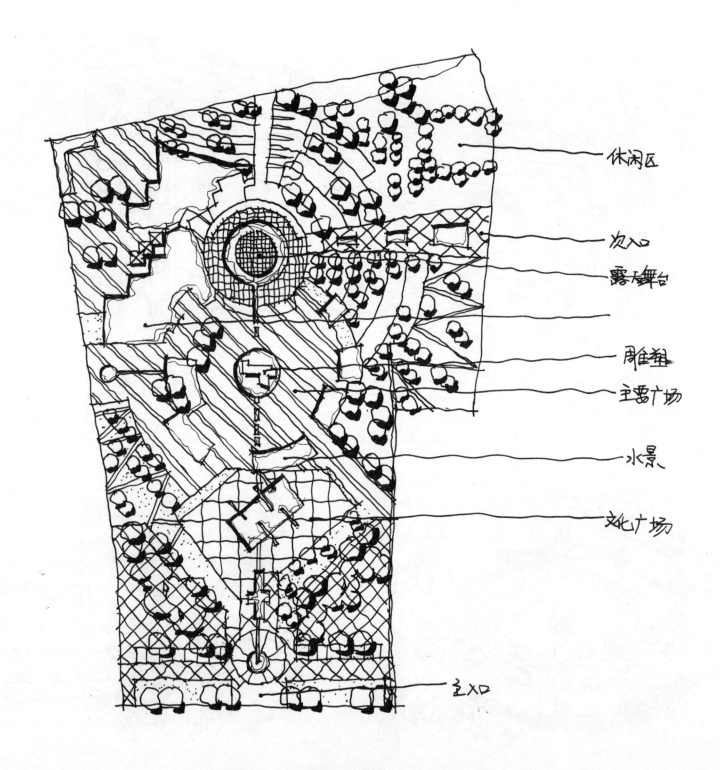

休闲区

次入口

露天舞台

雕塑

主题广场

水景

文化广场

主入口

图 5.23　步行联系广场示例 1

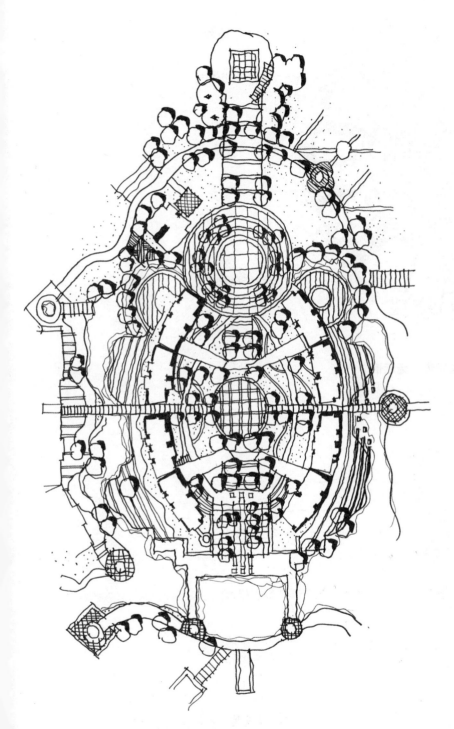

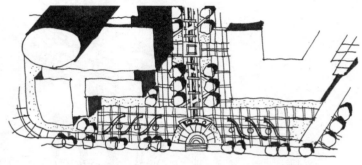

图 5.25　步行联系广场示例 3

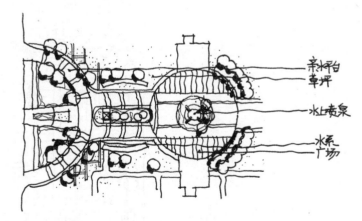

图 5.24　步行联系广场示例 2

图 5.26　建筑周边广场示例 1

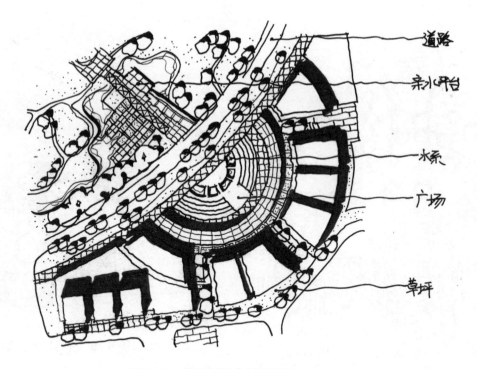

道路

亲水平台

水系

广场

草坪

图 5.27　建筑周边广场示例 2

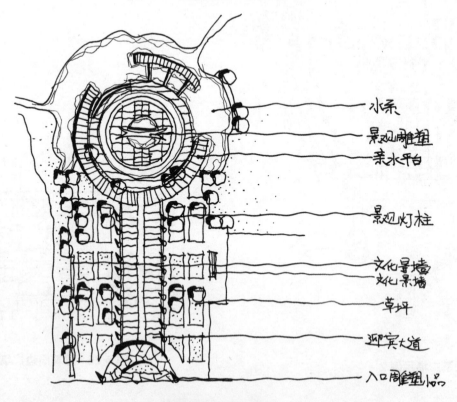

水系

景观雕塑
亲水平台

景观灯柱

文化景墙
文化景墙

草坪

迎宾大道

入口周围建小品

图 5.28　建筑周边广场示例 3

5.1.2　城市广场设计要点

在规划快题设计中，广场设计一般包括两个阶段：

第一阶段是结构层面的定位规划，即明确广场的主要类型、位置、与周边环境的关系以及广场的总体空间形态等。首先明确广场类型，如文化广场、商业广场等。其次，广场空间形态与地形、建筑组合形态、广场性质和尺度有关，可根据广场的空间比例关系来确定（L 代表长，H 代表宽）。

$L=H$：较小的广场，尺度宜人，一般用于商业街的中心广场；

$H<L<2H$：尺度适合，一般应用于商业文化娱乐广场；

$2H<L<3H$：较大尺度的广场，较为重要，同时比较人性化；

$L>3H$：大尺度的广场空间，一般应用于纪念性、交通性广场。

第二阶段是设计层面的环境细化，即确定广场的主要出入口、通道、绿化、水体以及地面铺装等。同时，注意各个广场之间的联系，以形成结构清晰、秩序明确的规划序列和组合形态。形成明确的空间序列，增强方位感、秩序感和导向感。

公共活动广场周边宜种植高大乔木，集中成片绿地宜大于总面积的 25%，并宜设计成开放式绿地，植物配置宜疏朗通透。

广场坡度设计上，平原地区应小于等于 1%，最小为 0.3%；丘陵和山区应小于等于 3%。地形困难时，可建成阶梯式广场。

广场通道是根据周边环境、建筑组织和活动流线，确定的广场的主要出入口和主要通道，以形成明确的引导空间，保证整体秩序（图 5.29）。

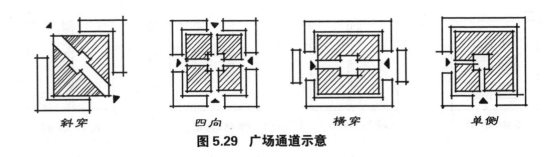

斜穿　　　　四向　　　　横穿　　　　单侧

图 5.29　广场通道示意

广场绿化具有限定空间和烘托点缀的作用，通过树木、花坛、草坪等进行空间组织、划分空间领域，同时绿化还能够柔化广场环境和营造生态小气候。树木组合以阵列为主，草坪花坛直观规整（图5.30）。

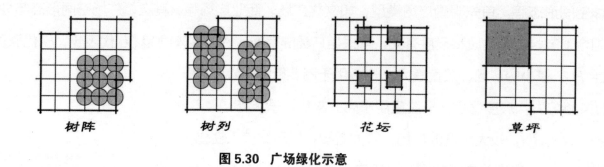

图 5.30 广场绿化示意

广场中一般会引入一定的水体，以点缀环境、活跃画面（图5.31）。水面不宜过大，一般广场等应以硬质铺地为主，多采用几何形水池；若以自然景观结合设计，可以采用一些自由线性水系。水体在广场空间中的设计有三种，应根据具体实际需要，确定水体在各个广场中的作用和地位后再进行设计：

①作为广场主题，水体占广场相当大一部分，其他的一切设施均围绕水体展开。

②局部主题，水景成为广场局部空间领域内的主体，成为局部空间的主题。

③辅助、点缀作用，通过水体来引导或传达某种信息。

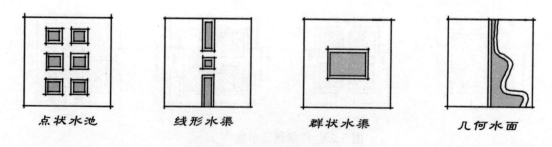

图 5.31 广场水体示意

　　地面铺装应符合空间性质和广场功能，快题设计中应通过线条和色彩的合理搭配来表现不同类型的广场。设计中可以局部设置踏步、台阶，起到划分空间、控制节奏的作用（图 5.32）。

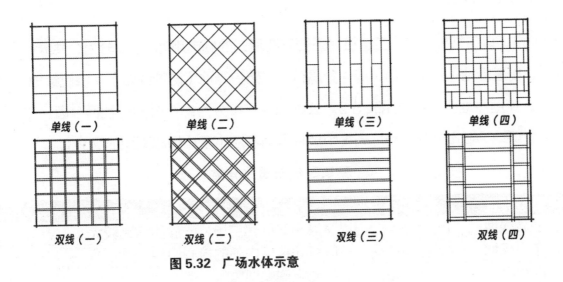

图 5.32　广场水体示意

广场表达实例见图 5.33。

图 5.33　广场表达实例

5.2 城市绿化

5.2.1 城市绿化分类

城市绿地是指以自然植被和人工植被为主要存在形式的城市用地，可以分为公共绿地（公园绿地、绿地广场）、街道绿地（街头绿地、绿化分隔带）、防护绿地（防护绿带）、庭院绿地（宅间绿地、小游园等）、专用绿地五种，详见表5.2。公园绿地又可分为综合公园、社区公园、专类公园、带状公园和街旁绿地。城市公共活动广场集中成片绿地不应小于广场总面积的25%。

表5.2 城市绿化分类

类型特征	特征
公共绿地	包括各类公园以及城市的绿化广场，一般面积比较大
专用绿地	包括居住区、校园等功能区内部的核心绿地
庭院绿地	包括小游园、庭院和宅间绿地等
防护绿地	包括各种防护林带，如工业园与城市居住区之间的绿化带
街道绿地	包括各种道路用地上的绿地以及行道树、隔离绿带、道路交叉口的绿岛等

对于居住区内的公共绿地，应根据居住区不同的规划布局形式设置相应的中心绿地，以及老年人、儿童活动场地和其他的块状、带状公共绿地等。

居住区公共绿地的指标，见表5.3。其他块状、带状公共绿地应同时满足宽度不小于8m、面积不小于400m^{2}的条件。

表5.3 居住区绿化指标

中心绿地名称	人均面积（m^2）	最小规模（公顷）
居住区公园	1.5	1.0
小游园	1.0	0.4
组团绿地	0.5	0.04

《城市居住区规划设计规范》(GB 50180) 中规定：新建居住区中绿地率不应低于 30%，旧区改造中不应低于 25%；居住小区公共绿地不应少于 $1m^2$ ／人。公共绿地要求宽度不小于 8 m，面积不小于 400 m^2，应有不少于 1/3 的绿地面积在当地标准的建筑日照阴影线范围之外。建筑周边 1.5m 内不算入绿地，道路周边 1m 不算绿地。道路绿化与管线，注意彼此要有分隔距离。

注意：区别绿地率与绿化率。

绿地率：指规划用地范围内的所有绿地面积与规划地块面积的百分比。

绿化率：指规划用地范围内的所有绿地的垂直投影面积与规划地块面积的百分比。

显然，绿化率一定是大于等于绿地率的。

5.2.2　城市绿化设计要点

绿化是建筑外部空间的软质环境要素，其功能主要是美化环境、观赏游憩或分割空间等。一般由各种植物组合形成，在建筑的外部空间形成相对完整的独立体系。在规划快题设计中，绿化往往是凸显环境设计、丰富图面层次的重要元素。

快题设计中绿化设计分为两个阶段：第一个阶段是明确绿地的属性，确定组织方式，划定绿地范围；第二阶段是具体的环境设计，需考虑各种植物的选择与布置、园路和环境设施的分布等。

1）绿地定位

①核心型绿地是重要的公共开放空间，承载游憩、休息、观赏等多重功能，空间组织丰富。在快题设计中，核心型绿地是整个空间的焦点，应结合空间结构确定其位置和规模（图5.34~图5.36 ）。

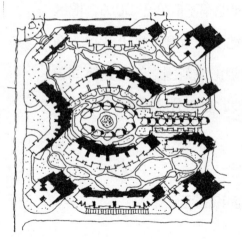
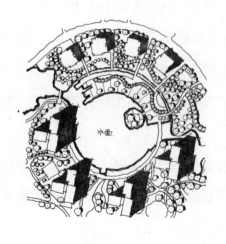
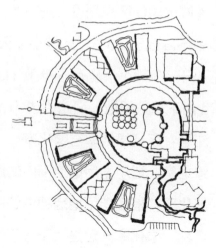

图 5.34　核心型绿地示例 1　　　　图 5.35　核心型绿地示例 2　　　　图 5.36　核心型绿地示例 3

　　②节点型绿地是半公共开放空间，其功能与相邻建筑功能要相一致，空间组织较为简单。在快题设计中，通常结合功能组团布置，规模较小，数量较多（图 5.37～图 5.40）。

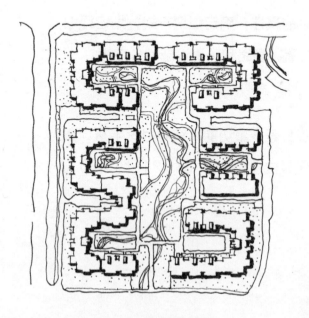
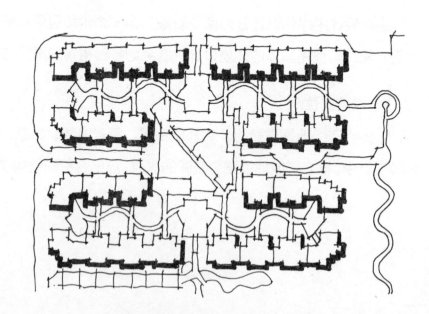

图 5.37　节点型绿地示例 1　　　　　　　　　　　图 5.38　节点型绿地示例 2

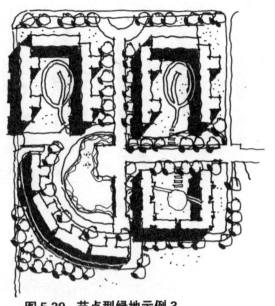

图 5.39 节点型绿地示例 3

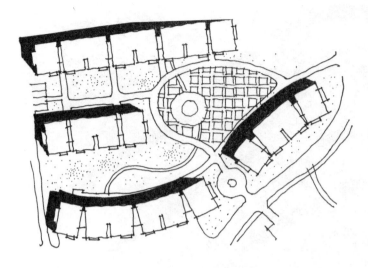

图 5.40 节点型绿地示例 4

③分隔型绿地主要起到划分不同功能单元的作用，主要呈线性。分隔型绿地在快题设计中是加强空间结构的重要手段，包括道路绿化、水系绿化等（图 5.41~图 5.43）。

④除了上述绿化类型外，在快题设计中，还有基底型绿地。基底型绿地与空间结构无关，一般建筑周边等边角地带，是整个图面的基底，与其他绿化形成鲜明的对比关系（图 5.44~图 5.47）。

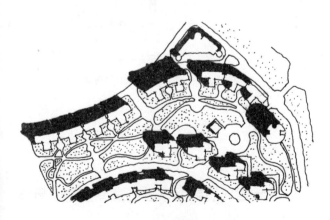

图 5.41 分隔型绿地示例 1

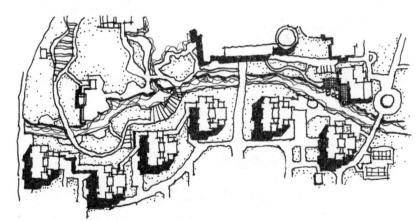

图 5.42 分隔型绿地示例 2

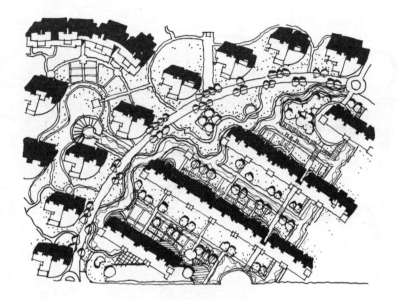

图 5.43 分隔型绿地示例 3

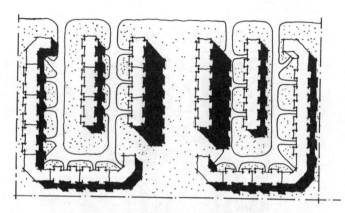

图 5.44 基底型绿地示例 1

图 5.45 基底型绿地示例 2

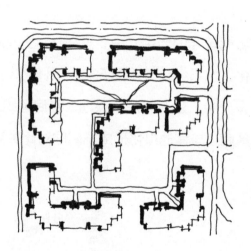

图 5.46 基底型绿地示例 3

图 5.47 基底型绿地示例 4

2）环境设计

在快题设计的表现阶段往往会利用一些树木、草坪，以及一些环境要素来进行空间塑造，具体实例如下：

①树木（图 5.48）：

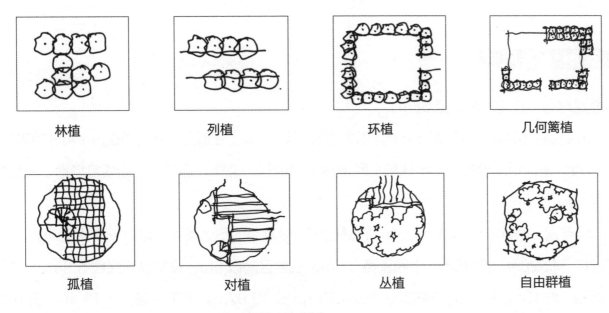

图 5.48 树木

②草坪（图 5.49）：

图 5.49 草坪

③空间塑造（图 5.50）：

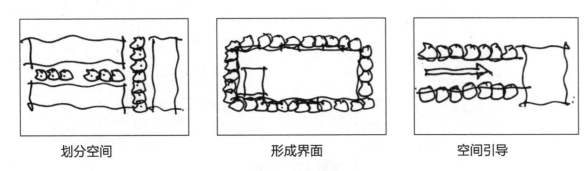

图 5.50 空间造型

第6章 其他知识储备

6.1 常用场地尺寸

标准足球场：长 105m，宽 68m。

400m 跑道：国际田联比赛的标准跑道有三种规格，半径分别为 36m、36.5m 和 37.898m。一般分布为 8 道，中间设有标准足球场及两半圆区的铅球、链球、跳高、跳远项目场地，其足球场面积约 7140m^2。

200m 跑道：长 124m，宽 43.5m。它是国内小学常用的跑道类型，以方便学生运动。

篮球场：长 28m，宽 15m，中圈直径 3.6m，三秒区底线 6m；投球线到底线 5.8m。

排球场：长 18m，宽 9m。网球场：长 23.77m，宽 10.97m。羽毛球场：长 13.4m，宽 6.1m。

国际标准短泳池：长 25m，宽 12.5m，水深 1.4~2m。

国际标准泳池：长 50m，宽 25m（图6.1）。

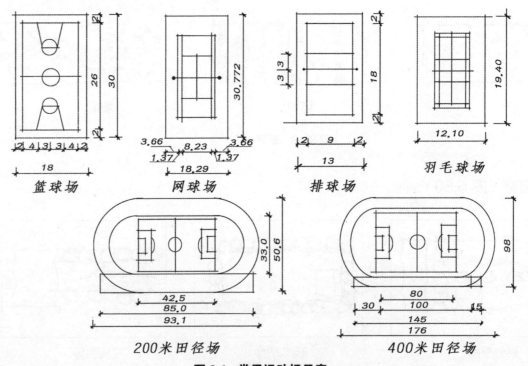

图 6.1 常用运动场示意

6.2　常用技术经济指标

6.2.1　技术经济指标术语

城市规划设计中常用的技术经济指标一般有规模指标、层数密度指标、环境质量指标三类。规模指标主要反映人口、住宅和配套公共服务设施之间的相互关系，层数密度指标主要反映土地利用效率和技术经济效益，环境质量指标主要反映环境质量的优劣情况。各类指标的具体解释及相互关系如下：

①住宅建筑密度：即住宅建筑基底总面积与住宅用地面积的比率（%）。

算式：$住宅建筑密度 = \dfrac{住宅建筑基底总面积（万平方米）}{住宅用地面积（万平方米）} \times 100\%$

②总建筑密度：即居住区用地内各类建筑的基底总面积与居住区用地面积的比率（%）。

算式：$总建筑密度 = \dfrac{总建筑基底总面积（万平方米）}{居住区用地面积（万平方米）} \times 100\%$

③人口毛（净）密度：即每公顷居住区用地上（住宅用地上）容纳的规划人口数量（人/hm^2）。

④住宅建筑套密度（毛）：即每公顷居住区用地上拥有的住宅建筑套数（套/hm^2）。

⑤住宅建筑套密度（净）：即每公顷住宅用地上所有的住宅建筑套数（套/hm^2）。

⑥住宅建筑面积毛密度：即每公顷居住区用地上拥有的住宅建筑面积(m^2/hm^2)。

⑦住宅建筑面积净密度：即每公顷住宅用地上拥有的住宅建筑面积(m^2/hm^2)。

⑧居住区建筑面积毛密度：也称容积率，是每公顷居住区用地上拥有的各类建筑的建筑面积(m^2/hm^2)或以居住区总建筑面积（万平方米）与居住区用地（万平方米）的比值表示。

⑨绿地率：即居住区用地范围内各类绿地的总和占居住区用地的比率（%）。各类绿地包括公共绿地和非公共绿地，但不包括立体人工绿化。

算式：$绿地率 = \dfrac{绿地总面积（万平方米）}{居住区用地面积（万平方米）} \times 100\%$

⑩停车率：即居住区内居民汽车的停车位数量与居住户数的比率（%）。

地面停车率：即居民汽车的地面停车位数量与居住户数的比率（%）。

地下停车率：即居民汽车的地下停车位数量与居住户数的比率（%）。

6.2.2 快题中常用技术经济指标（表 6.1）

6.1 快题中常用技术经济指标

指标名称	定义	单位	公式
总用地面积	题目给出的规划用地面积	hm^2	—
总建筑面积	规划地块内所有建筑的面积总和	m^2	—
分区建筑面积	各个主要功能单元的建筑面积	m^2	—
容积率	规划用地内的总建筑面积与规划用地面积的比率	—	容积率 = 总建筑面积 / 规划用地面积
建筑密度	规划用地内的各类建筑的基底总面积与规划用地面积的比率	%	建筑密度 = $\dfrac{各类建筑的基底总面积}{规划用地面积} \times 100\%$
绿地率	规划用地内的各类绿地总面积与规划用地面积的比率	%	绿地率 = 各类绿地总面积 / 规划用地面积
绿化覆盖率	规划用地内的各类绿化在地面的垂直投影总面积与规划用地面积的比率	%	绿化覆盖率 = 各类绿化在地面的垂直投影总面积 / 规划用地面积
停车位	停车位的个数	个	—

居住区主要技术经济指标经验值如下：

居住区内建筑密度一般不宜超过 40%，基本控制在 30%~35% 为宜；商业区可达到 35%~45% 或者更高一点。

住宅区建筑密度的经验数值：别墅区的建筑密度一般为 5%~10%，纯多层区的建筑密度一般为 20%~25%，纯小高层的建筑密度一般为 15%~20%，纯高层的建筑密度一般为 15%~20%。

居住区绿地率一般在 30%~40%，要求新区建设不应低于 30%，旧区改造不宜低于 25%。

居民汽车停车率不应小于 10%，停车位总数（包括地下停车）一般达到 70%~100%；

居住区内地面停车率（居住区内居民汽车的停车位数量与居住户数的比率）不宜超过 15%；

居民停车场、库的布置应方便居民使用，服务半径不宜大于 150m。

6.2.3　居住区容积率专题

1）建筑层数、容积率和环境品质的关系

①容积率低于 0.3：高档独栋别墅项目。

②容积率 0.3~0.5：一般独栋别墅项目。可穿插部分双拼、联排别墅，环境会更好。

③容积率 0.5~0.8：一般的双拼、联排别墅。如果组合 3~4 层、局部 5 层的楼中楼，这个项目的品位就相当高了。

④容积率 0.8~1.2：全部是多层的话，那么环境绝对堪称一流。如果其中夹杂低层甚至联排别墅，那么环境相比而言只能算是一般了。

⑤容积率 1.2~1.5：正常的多层项目，环境一般。如果是多层与小高层的组合，环境会是一大卖点。

⑥容积率 1.5~2.0：正常的多层 + 小高层项目。

⑦容积率 2.0~2.5：正常的小高层项目。

⑧容积率 2.5~3.0：小高层 + 二类高层项目（18 层以内）。此时如果全做小高层，环境会很差。

2）容积率、建筑密度、建筑平均层数的估算

因为居住区中南北向两排住宅建筑之间有严格的建筑日照间距控制要求，根据以下公式可以推算容积率、建筑密度、建筑平均层数之间的关系：

①容积率 = 总建筑面积 / 规划用地面积（FAR=$S_{总建}$ /$S_{用}$）

②建筑密度 = 总建筑基底面积 / 规划用地面积（D=S$_{基}$ /$S_{用}$）

③建筑平均层数 = 总建筑面积 / 总建筑基底面积（n=S$_{总建}$ /$S_{基}$）

因此，容积率、建筑密度、建筑平均层数存在以下关系：

容积率（FAR）= 建筑平均层数（n）x 建筑密度（D）。

如：某居住区中D=30%，FAR=1.2，则可以推算出n=4。当然，反过来也成立。这样在设置住宅建筑层高的时候就不会很离谱，或者偏差很大。可以此公式检查方案中一些技术经济指标的正确性。

由此，延伸开来可知：在居住区规划中，粗略计算容积率的时候，可以按照平均每户100m^{2}的建筑面积计算，乘以总居住户数和建筑平均层数，再粗略估算公共建筑面积，就能很快推算出居住区的容积率，较快又准确。此法比较适宜居住区，公共中心区算法不同。

3）补充内容

日照间距指前后两排南向房屋之间，为保证后排房屋在冬至日（或大寒日）底层获得不低于 2h 的满窗日照（日照）而保持的最小间隔距离。

日照间距的计算方法：以房屋长边向阳，朝阳向正南，正午太阳照到后排房屋底层窗台为依据来进行计算（图6.2）。

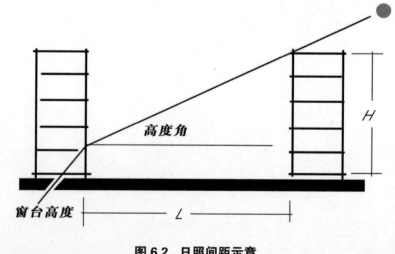

图6.2 日照间距示意

由图可知：$\tan h=(H-H_1)/D$，由此得日照间距应为 $D=(H-H_1)/\tan h$

式中：$h=$ 太阳高度角；

$H=$ 前幢房屋女儿墙顶面至地面高度；

$H_1=$ 后幢房屋窗台至地面高度（根据现行设计规范，一般 H_1 取值为 0.9m，$H_1>0.9$m 时仍按照 0.9m 取值）。

实际应用中，常将 D 换算成其与 H 的比值，即日照间距系数［即日照系数 $=D/(H-H_1)$］，以便于根据不同建筑高度算出相同地区、相同条件下的建筑日照间距。

当居室所需日照时数增加时，其间距就相应加大，或者当建筑朝向不是正南时，其间距也有所变化。在坡地上布置房屋，在同样的日照要求下，由于地形坡度和坡向不同，日照间距也会随之改变。

若建筑平行等高线布置，向阳坡地，坡度越陡，日照间距可以越小；反之越大。有时，为了争取日照、减少建筑间距，可以将建筑斜交或垂直于等高线布置。

住宅正面间距，应按日照标准确定的不同方位的日照间距系数控制，也可采用《城市居住区规划设计规范》（GB 50180）表 5.0.2-2 不同方位间距折减系数换算。

第 7 章　空间结构类型与空间组合

建筑群体环境的控制，就是对由建筑实体围合成的城市空间环境及其周边其他环境要求提出控制指导原则，一般通过规定建筑组群空间组合形式、开敞空间的长宽比、街道空间的高宽比和建筑轮廓线示意等达到控制城市空间环境的目的［参考资料：控制性详细规划.城市规划资料集（第四分册）.北京：中国建筑工业出版社，第18页］。

城市建筑群体整体空间形态可以分为封闭型空间形态、半封闭型空间形态和全开放空间形态。不同的建筑空间组合，可以给人不同的空间感受。根据不同的情况和要求，可采用不同形式的建筑空间组合，形成各个或开放或私密的空间形态。

7.1　空间结构类型

城市规划快题设计中一个不可缺少的环节就是对规划空间结构的系统梳理。在对各种类型的建筑单体与建筑群体组合、城市道路与交通系统组织方式、城市绿地与广场的分类与布局等相关知识进行系统梳理和认知的基础上，还要对规划地块整体的空间结构有深入的认识。

一般常见的空间结构组织模式有轴线式、对称式、组团式、院落式、发散式、序列式、格网式等。下面将一一进行详解。

7.1.1　轴线式

轴线式空间结构不拘泥于一般的组团或院落层级，而是按照一定的空间轴线灵活布局组团或院落，或对称或串联，形成富有节奏的空间序列。轴线包括实轴和虚轴，都起着支配全局的作用。实轴常由线性的景观步行道、绿带、水体等构成。虚轴可以是由建筑、场地或者开放绿地等形成的空间序列。轴线式的空间结构模式都有很强烈的聚合性和导向性。一般轴线式布局要求主轴线形成"有头有尾有中心"的"三段式"组合形式。

轴线式空间结构可以说是最常用的一种结构组织模式，即以一条轴线或几条轴线（一般不多于三条）为基准确定空间形态的主要结构秩序与韵律。轴线一般可与城市道路、用地边界线平行或垂直设置，也可以结合基地形态斜向布局。一般通过两种方法来建立轴线：

①通过研究基地的自然环境要素，基地内部或边缘附近地区的水系、植被、地形地貌等，基于地缘设计，顺应场地的固有特征来寻找建立轴线的线索。

②从城市大范围角度出发，结合已有的建筑形态，例如街道、建筑群、广场等已经存在的各种城市环境要素来建立轴线。

轴线式的几种简化图如图 7.1～图 7.4 所示。

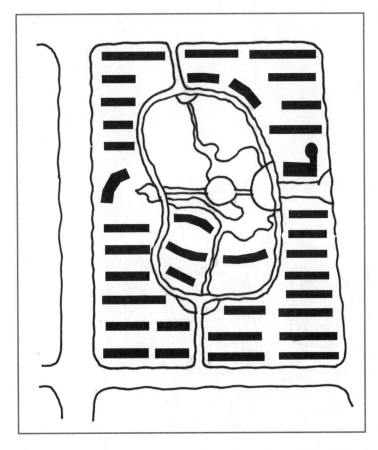
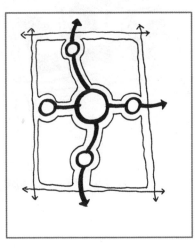

图例：

主要轴线

核心节点

功能组团

图 7.1　轴线式结构模式与建筑布局示意——居住区

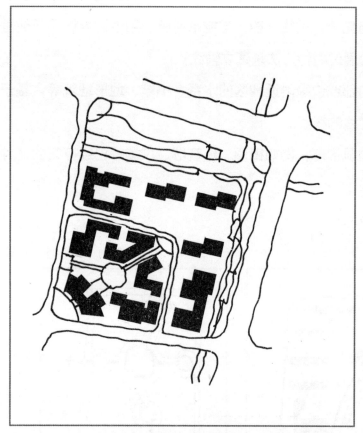

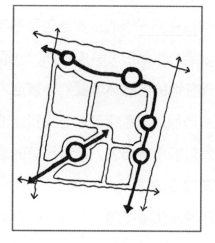

图例：

主要轴线

核心节点

功能组团

图 7.2　轴线式结构模式与建筑布局示意——中心区

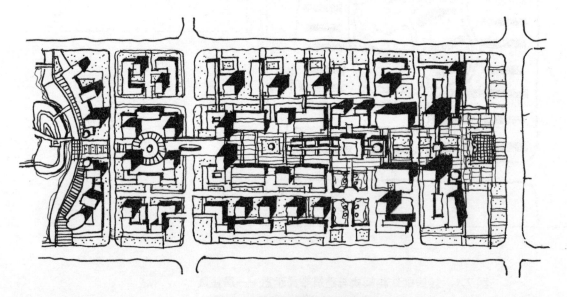

图 7.3　轴线式结构模式实例

三道手绘 全国免费咨询热线：400-858-2626

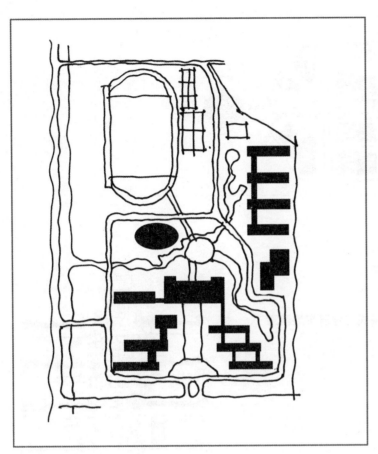
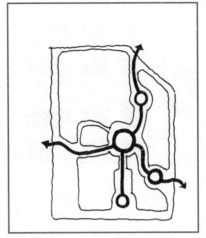

图例：
主要轴线
核心节点
功能组团

图 7.4 轴线式结构模式与建筑布局示意——校园

7.1.2 对称式

对称式是轴线式的变种，在轴线式的基础上发展而来，是最为强烈的轴线式结构模式。通常在轴线两侧形成对称的空间布局结构、建筑布局形态，具有明确的空间导向和秩序性。一般情况下，行政办公区或者基地规划范围尺度较大，常围绕线性中心开展空间排布，形成对称式布局（图 7.5~图 7.7）。

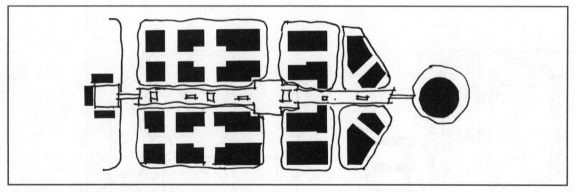

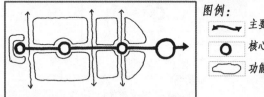

图例：

〰️ 主要轴线

⊂⊃ 核心节点

⬭ 功能组团

图7.5 对称式结构模式与建筑布局示意

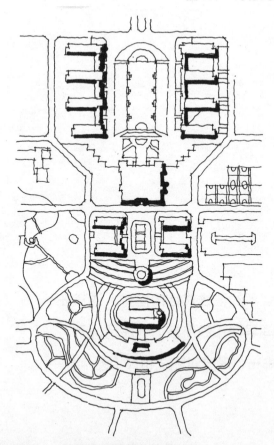

图7.6 对称式结构模式实例1

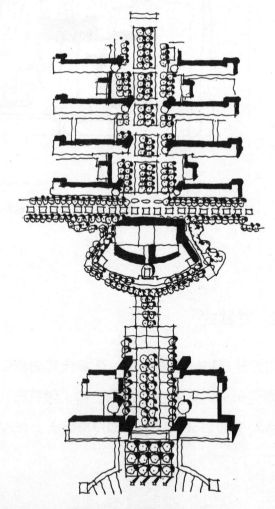

图7.7 对称式结构模式实例2

7.1.3 组团式

一般通过道路、河流、绿化带等，将基地划分成几个较小的地块，增加内外衔接的连接面，基地的几何中心处常作为公共开放空间，通过一些空间上的虚实轴线进行关联。组团式布局除了应考虑组团内部的空间组织以外，还得考虑各组团之间以及基地整体系统之间的联系。一般居住区和大尺度的中心区多采用该模式。

组团式是居住区规划设计中通常采用的典型的三级结构模式，由小区、组团和院落组成。由格局类似的院落构成组团，再由组团衔接构成小区，组团之间不强调主次等级，沿主要道路并列布置。各组团和各院落住宅建筑在尺度、形体、朝向等方面具有较多相同元素，并以日照间距为主要依据形成紧密联系的住宅群体。组团式结构完整，层次清晰，形态完整，是规划快题中运用较为广泛的规划结构模式（图7.8、图7.9）。

除了居住区，中心区也常采用组团式布局模式。一般通过基地内部的车行或步行道路，将地块划分为较小的街区，以扩大对外连接面。各个功能组团相对独立布局，围绕核心区域的公共开放空间，通过一定的空间轴线相互关联。组团式布局需要考虑整体的空间形态和各个组团之间的功能联系，规模较大的中心区常常采用此模式（图7.10）。

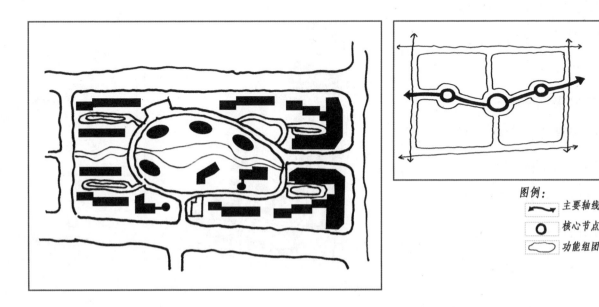

图例：
主要轴线
核心节点
功能组团

图 7.8　组团式结构模式与建筑布局示意——居住区

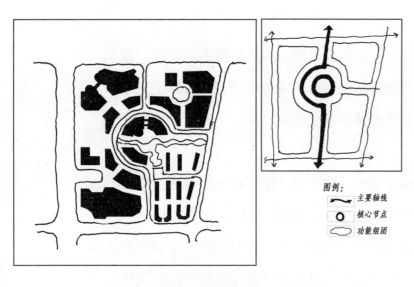

图 7.9   组团式结构模式与建筑布局示意——中心区

图 7.10   组团式结构模式实例

7.1.4 院落式

院落式空间结构是在组团式的基础上进一步深化而来的，一般在建筑布局上会通过采用转角建筑、建筑群体之间的前后错落等手法，形成适宜的院落围合式空间，更加强调私密空间，功能布局上相对需求静僻。多见于居住区、办公区、历史街区等的规划设计中。

院落式是居住区典型的两级结构模式，由小区和院落组成。各院落住宅建筑的尺度、形态、朝向基本一致，通过若干院落的组织，形成完整的小区。院落整体性好，层次清晰，中心突出，是居住区快题中常用的结构模式之一（图 7.11、图 7.12）。

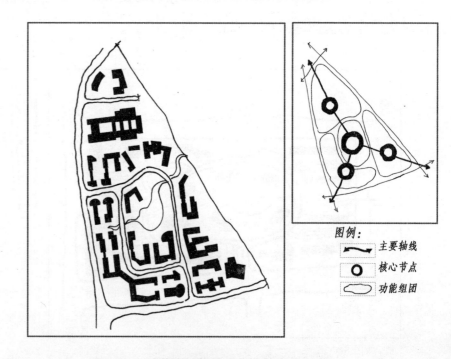

图 7.11   院落式结构模式与建筑布局示意

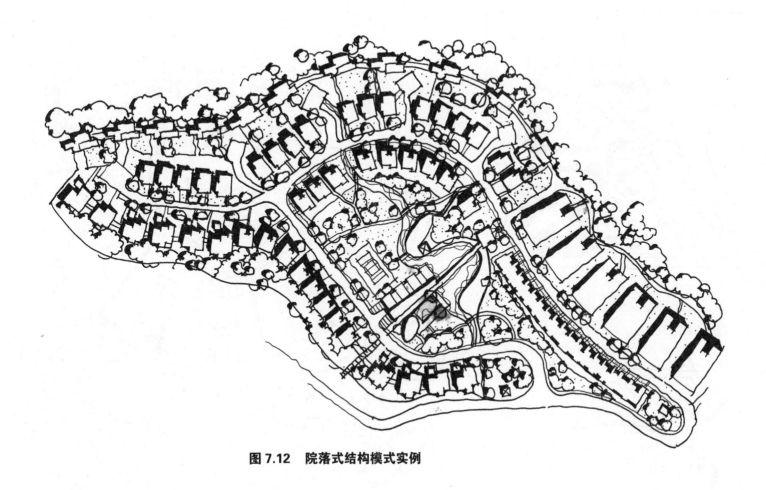

图 7.12　院落式结构模式实例

7.1.5　发散式

　　发散式空间结构通常以公共开敞空间（绿地、节点广场等元素）结合大体量建筑实体形成放射核心，将不同功能性质的建筑群体按照发散放射轴线布局。核心建筑和场地一般具有强烈的向心性，处于统领全局的地位，其他建筑或场地则处于次要位置。因此，快题设计中一定要着重突出核心空间和建筑，对其建筑尺度、形态、位置选取上需要多加考虑。此种模式在商业街区中运用最多，居住区中也有所运用。

　　在进行快题设计时要着重塑造核心建筑或空间，注意次要建筑的形态、尺度及方向（图 7.13、图 7.14）。

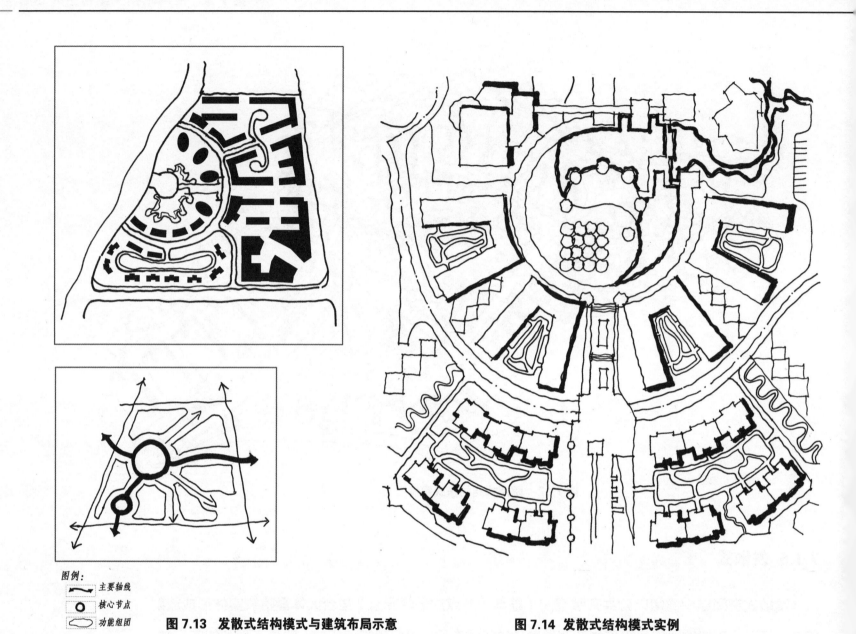

图 7.13 发散式结构模式与建筑布局示意　　　　　**图 7.14 发散式结构模式实例**

7.1.6 格网式

　　以格网为基本空间单元来控制整个地块的规划设计，各功能建筑在格网单元中进行组合和拼接，便于建设的发展弹性，也有利于形成设计元素一致的空间结构模式。格网式在规模比较大的地块运用得较多（图 7.15、图 7.16）。

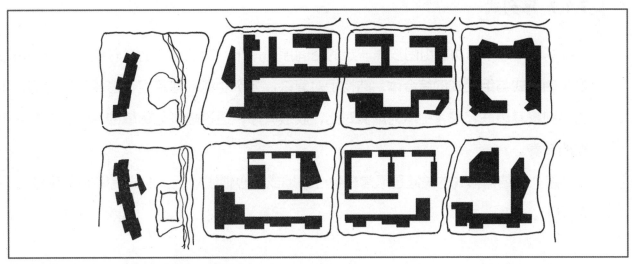

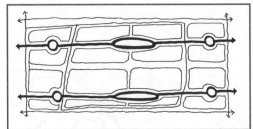

图例：

⌇ 主要轴线

⊙ 核心节点

▱ 功能组团

图 7.15　格网式结构模式与建筑布局示意

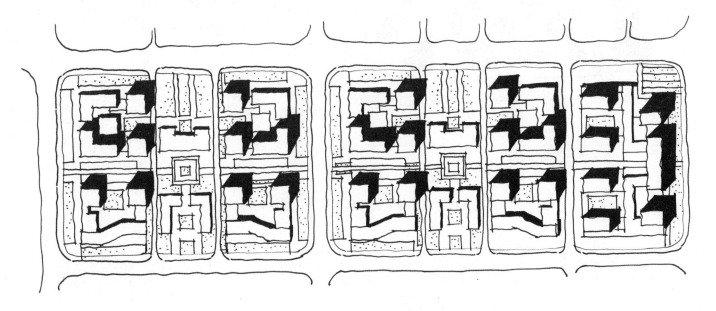

图 7.16　格网式结构模式实例

7.1.7 序列式

基地内部不同功能组团按照一定的空间序列排布，组团之间通过轴线、走廊等串联呼应，可以说是轴线式与组团式的综合体，结构相对复杂。各个功能区建筑组合形成院落空间，用一条连贯的主序列将其串联起来，主序列虚实对比，收放有序，通过建筑与环境的对话，控制整个地块空间结构的节奏。

序列式结构模式的关键是通常在中心场地或核心轴线附近，形成良好的景观层次（图7.17、图7.18）。

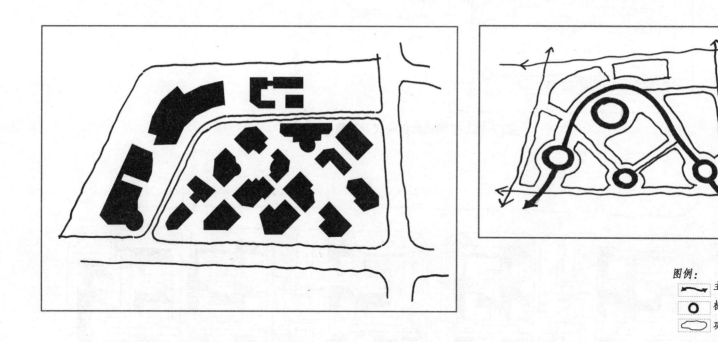

图例：
主要轴线
核心节点
功能组团

图7.17 序列式结构模式与建筑布局示意——滨水文化步行街

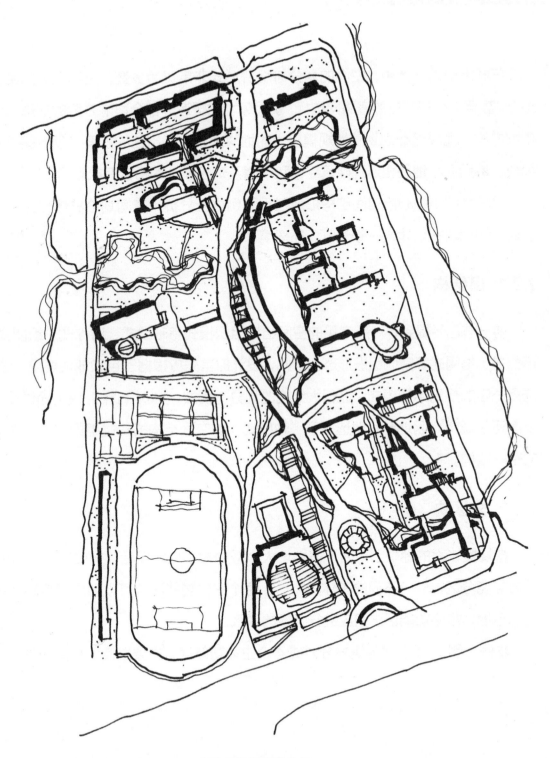

图 7.18　序列式结构模式实例

7.2 空间划分与组合

在城市规划设计中，空间的划分与组合形式非常灵活多变，无论是空间结构模式还是建筑空间组合，甚至人行和车行的道路网选择、景观环境的塑造等都会影响方案的成形，因此方案会千变万化、丰富多样。尤其是在规划基地规模较大的地块上，一个出色的方案必须将基地合理地划分成诸多小地块，然后在小地块里通过建筑组合和道路及环境设计的衔接有机融合。

现以某城市中心区空间结构形成过程为例进行分析，空间划分总体分为 5 个阶段：出结构—分区块—切地块—切建筑—修建筑、补环境。

7.2.1 出结构

前一节已经提到，一般常见的空间结构组织模式有轴线式、对称式、组团式、院落式、发散式、序列式、格网式等空间组织形态。因此，设计时首先应根据题目和地块要求，结合设计理念和创意，选择一定的规划结构模式，进行大结构的划分。例如，本例（图 7.19）通过主要的人行、车行系统及滨河景观带，因地制宜地选择了"轴线式"的空间结构模式类组织空间，形成"一轴一带五心"的空间结构。

7.2.2 分区块

将规模较大的地块划分为许多地块大小适中的小地块以后，一般以 4~5hm² 的地块大小为宜，结合功能分区，划分不同的主体功能区，每个主体功能区内可以适度混合除了主体功能以外的其他功能用地，每个功能区之间应进行必要的联系。

本例（图 7.20）将地块划分为成 4 个主体功能区，主要以商业功能为主。

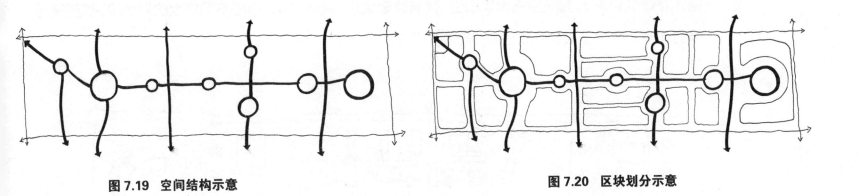

图 7.19　空间结构示意　　　　　　　　　　　　图 7.20　区块划分示意

7.2.3　切地块

　　一般而言，一个大的主体功能区块太大，还必须结合功能空间结构、道路交通结构和绿化景观结构，划分为若干小地块，各个小地块既独立，又与其他地块是整体统一的关系（图 7.21）。

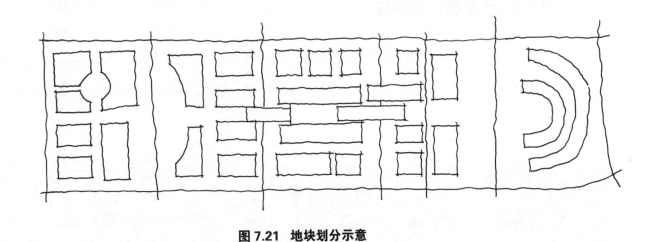

图 7.21　地块划分示意

7.2.4　切建筑

　　划分小地块的基础后，还是要落脚到建筑群体整体空间组合上。根据不同的建筑功能，切割规模大小、形式各异的建筑，需特别注意的是，建筑的形态、体量与尺度等应与建筑性质相一致（参见

第3章建筑知识），建筑空间虚实相生，建筑体量大小、高低对比，形成不同尺度的封闭型空间形态、半封闭型空间形态和全开放空间形态（图7.22）。

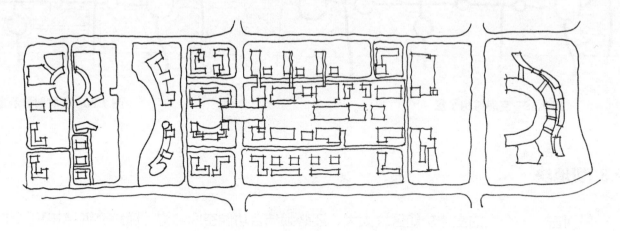

图7.22　建筑切割示意

7.2.5　修建筑、补环境

接着，就是对建筑细节的修饰，例如，建筑屋顶的女儿墙、玻璃顶、风雨廊桥等细节的添加，进一步丰富公共空间。同时，也可以通过绿化、树木、草坪等的组织布局来美化环境（图7.23）。

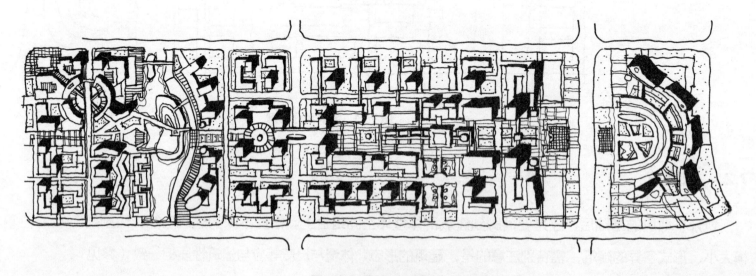

图7.23　总体平面示意

第 8 章　快题设计过程演示

规划快题设计考试与实际项目方案设计有一些差别，但是构思和绘制过程是一致的，快题设计的时间更短，宏观把握尤为重要。下面以"某高校中部地区大城市中心区地块详细城市设计"为例进行快题设计过程展示。

某高校中部地区大城市中心区地块详细城市设计

一、基地现状

规划地块位于中部地区某大城市中心区，紧邻城市交通性主干道和轻轨线。基地北侧为现状中学和中心公园，西侧有天然河道和街心公园，东南侧为城市居住用地和区级行政办公区域。地块总规划面积 17.2hm^2。

二、规划内容

该地块拟结合周边用地现状及交通条件，规划建设轨道交通站点、区级商务办公、酒店、商业文化设施、混合居住用地及绿化景观（含公共空间及广场）。具体开发建议内容如下：

1. 商务办公、酒店，建筑面积约为 14.5 万平方米；

2. 商业（大型商业或商业街），建筑面积约 5.5 万平方米；

3. 文化设施（内容自定），建筑面积 2.8 万平方米；

4. 住宅（含酒店式公寓或 SOHO），建筑面积约为 7.5 万平方米；

5. 轨道交通站点设施，建筑面积自定；

6. 其他需要布置的设施和场地（结合规划方案设置）。

三、规划控制指标

1. 总容积率 2.0；

2. 建筑密度不小于 40%；

3. 绿地率不小于 25%；

4. 住宅日照间距 1：1；

5. 停车泊位：住宅按 0.5 个 / 户配置，公共建筑按照 0.5 个 /100 m^2 配置。

四、规划设计要求

1. 合理安排规划内容和功能区块；

2. 结合周边交通条件，合理组织基地内部机动车交通和人行交通，并与基地外围交通有机衔接；

3. 充分尊重几点现状和周边环境条件，营造具有一定特色的城市空间景观。

五、规划设计成果要求

1. 图纸尺寸为 A1 规格，表现方式及图纸数量有限。

2. 规划总平面图 1：1000，详细标注各功能内容；

3. 规划结构及交通流线（含静态交通）分析图（比例和数量不限）；

4. 总体或局部鸟瞰图（比例不限）；

5. 规划设计说明及主要技术经济指标，应对照总平面列出各项建设内容的建筑面积。

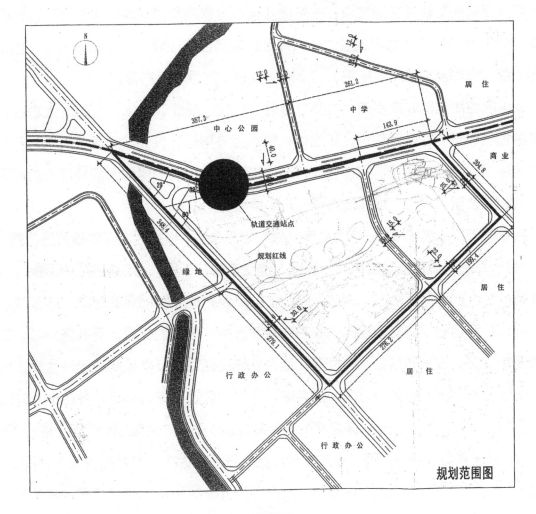

图 7.24　规划范围图

解题流程及内容详解：

①拿到任务书后，快速解读任务书，抓住"题眼"，并明确功能定位、技术经济指标、设计任务等内容（详见本书第 2.1 节"审题"）。

本题的"题眼"较多（图 7.24），如城市交通性主干道和轻轨线，现状中学、中心公园，西侧天然河道和街心公园，东南侧城市居住用地和区级行政办公区等。北侧"城市交通性主干道和轻轨线"暗示了道路禁止开口方向，"西侧天然河道和街心公园"是很好的自然景观资源，可考虑将水景引入基地内部，基地内部步行系统与街心公园的有效衔接，将其作为对景等；南侧"城市居住用地和区级行政办公区"需考虑道路两侧用地应为同类或相近性质。

本题尤其要强调的是轨道交通站点，一般设计类似这样的交通站点如火车站，设计内容基本包含5个基本要素：站房设计，站前疏散广场，人流疏散路线的引导，公交车停靠站、出租车及社会车辆停车场的综合布局及车流路线组织，站点周边建筑功能性质及布局。

本题目要求的功能定位非常明确，主要有办公、居住、商业、文化、交通5大功能，每个功能区需要配备的相应建筑内容及面积也比较具体；技术经济指标、设计任务逐条列出，非常明晰。大家一定要学会通过给出的技术经济指标估算各个功能区大致所需的用地面积及每个功能区建筑的平均层高等内容，通过指标有效、理性地指导自己的绘图。

②对任务书有了基本理解以后，结合文字条件和图形条件，根据对题目的理解进行规划构思（图8.1）。构思分析草图一般包括功能结构分析图、道路交通分析图、景观结构分析图等。

功能分区：就本题而言，轨道交通站点周边往往需要布局大量的商业建筑，如餐饮、购物等设施及站房、疏散广场等相应的交通设施一般布置在靠近主次干道的位置，而商务办公、文化休闲、居住等相对要求安静。根据动静分区的原则，结合轨道交通站点及基地周边用地性质，可分为四大功能区：商业区、文化区、商务办公区、住宅区。每个分区都有核心节点，并由南北向的主要发展轴和东西向的次要发展轴进行各个分区之间的衔接和呼应，形成"两轴四心四区"的空间结构格局。

道路交通：对于车行、人行交通，以人车分流的交通系统为主，尽量减少人车之间的相互干扰，保证交通顺畅和人行安全。依托主要发展轴设置主要步行轴线和步行节点空间，并与各个分区之间形成良好对接。

景观结构：在"两轴四心四区"功能分区的基础上，形成基本的景观结构构架——"一主一副，两核四心"。各个节点之间虚实相生，留出景观视廊，形成建筑与景观之间的对话。

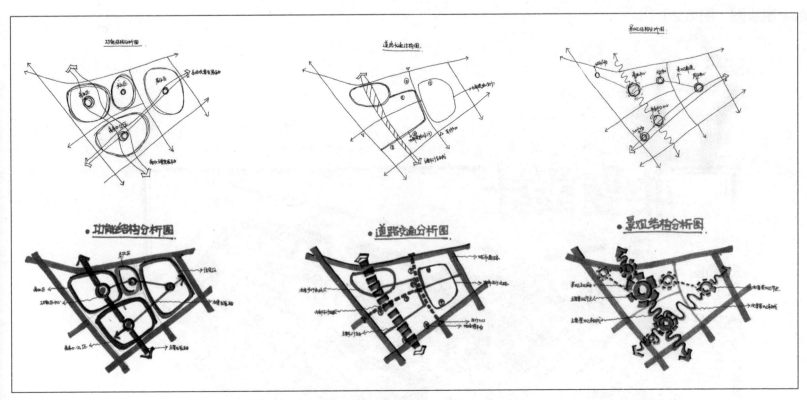

图 8.1　规划分析示意

③扩图勾绘地形，先用铅笔将构思的基本信息在图纸上进行表达，再用墨线笔进行细部设计。在完成了对题目的深度解析和基本构思之后，就要在规定图纸上按照要求图纸比例扩图，将相关重要信息表达在图纸上。根据功能结构分析图、道路交通分析图、景观结构分析图等进一步细化图纸内容。对地块切割、建筑空间的切割与组合、建筑形式与体量等进行深化。基本完成方案的草绘之后上墨线图（图8.2）。

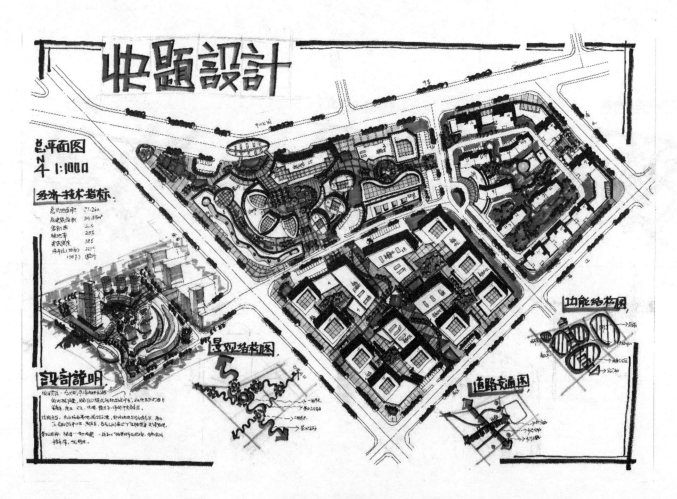

图8.2 墨线图

④用马克笔上色，重点明确空间结构和重要设计节点（如河流等）。画面只采用三种色彩：水——蓝，绿化——绿，场地——黄，着色手法干净利落。具体色彩搭配见"1.3.2 马克笔色彩搭配"节（图8.3）。

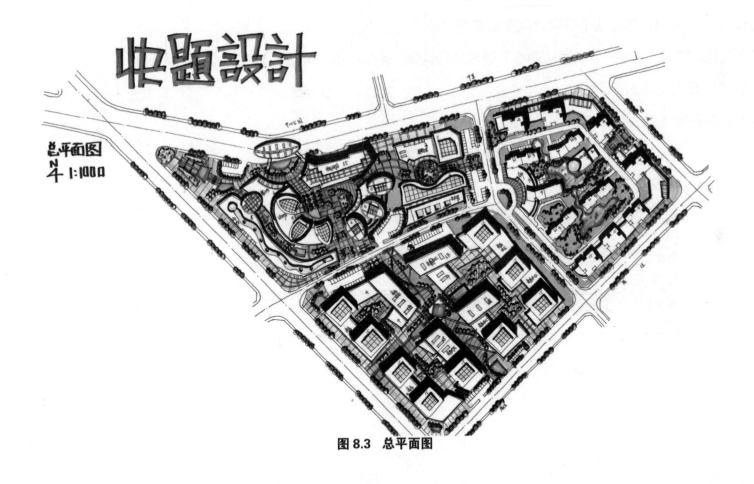

图 8.3 总平面图

⑤将快题设计中要求的其他内容：设计说明、技术经济指标、鸟瞰图、分析图等补充完整，快题设计就完成了。

设计说明主要考虑项目定位、功能分区、交通路线和景观结构。

项目定位：充分利用该地块优越的地理位置，结合 TOD 开发模式进行轻轨站点开发，拟将本基地打造为集办公、商业、文化、休闲、居住于一体的 CBD。

功能分区：充分集合基地周边环境，将该地块划分为商业区、文化区、办公区、住宅区四大功能区，形成"两轴四心四区"的空间结构格局。

道路交通：以人车分流的交通系统为主，保证交通顺畅和人行安全。依托主要发展轴设置主要步行轴线和步行节点空间，并与各个分区之间形成良好对接。

景观结构：塑造"一主一副，两核四心"景观结构构架，各个节点之间虚实相生，留出景观视廊，形成建筑与景观之间的对话。

技术经济指标主要参照表 8.1.

表 8.1 技术经济指标一览表

总用地面积	$17.2hm^2$
总建筑面积	$34.8hm^2$
容积率	2.0
绿地率	25%
建筑密度	38%
停车位	地面 225 个
停车位	地下 1520 个

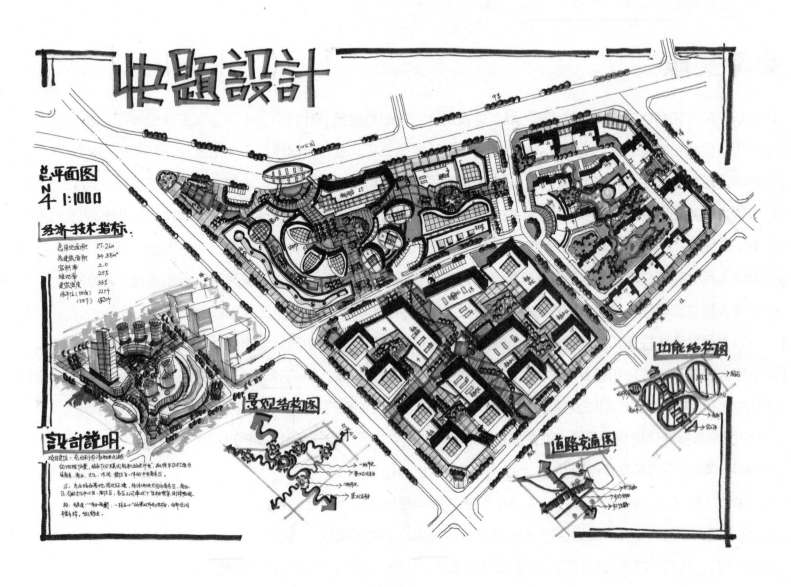

图 8.4　完整总图

参考文献

[1] 中华人民共和国住房和城乡建设部 . 城乡建设用地竖向规划规范 [M] 北京：中国建筑工业出版社，2016.

[2] 中华人民共和国建设部 . 城市道路绿化规划与设计规范 [M] 北京：中国建筑工业出版社，1998.

[3] 中华人民共和国住房和城乡建设部 . 城市工程管线综合规划规范 [M] 北京：中国建筑工业出版社，2016.

[4] 中华人民共和国住房和城乡建设部 . 城市用地分类与规划建设用地标准 [M] 北京：中国建筑工业出版社，2011.

[5] 中华人民共和国住房和城乡建设部 . 城市规划基本术语标准 [M] 北京：中国建筑工业出版社，1998.

[6] 中华人民共和国住房和城乡建设部 . 城市居住区规划设计规范 [M] 北京：中国建筑工业出版社，2002.

[7] 中华人民共和国住房和城乡建设部 . 无障碍设计规范 [M] 北京：中国建筑工业出版社，2012.

[8] 中华人民共和国住房和城乡建设部 . 建筑设计防火规范 [M] 北京：中国计划出版社，2015.

[9] 中华人民共和国住房和城乡建设部 . 城市公共交通站、场、厂设计规范 [M] 北京：中国建筑工业出版社，2012.

[10] 中华人民共和国住房和城乡建设部 . 城市道路交通规划设计规范 [M] 北京：中国计划出版社，1995.

[11] 中国国家标准化管理委员会 . 旅游规划通则 [M] 北京：中国质检出版社，2003.

[12] 周俭 . 城市住宅区规划原理 [M]. 上海：同济大学出版社，1999.

[13] 胡纹 . 居住区规划原理与设计方法 [M]. 北京：中国建筑工业出版社，2007.

[14] 吴志强，李德华 . 城市规划原理 [M]. 北京：中国建筑工业出版社，1999.

[15] 于一凡，周俭 . 城市规划快题设计方法与表现 [M].2 版. 北京：机械工业出版社，2011.

[16] 李浩，周志菲 . 城市规划快题考试手册 [M].2 版. 武汉：华中科技大学出版社，2011.

[17] 杨俊宴，谭瑛 . 城市规划快题设计与表现 [M].2 版. 沈阳：辽宁科学技术出版社，2010.